アゾレス諸島沖で眠る
マッコウクジラの家族。

ニュージーランドの亜南極海域で、ダイバーとミナミセミクジラがご対面。

SECRETS OF THE
WHALES

ナショナル ジオグラフィック
クジラ 海の巨人

ブライアン・スケリー＝写真　片神貴子＝訳

田島木綿子（国立科学博物館）＝日本語版監修

南太平洋クック諸島沖を泳ぐザトウクジラ。陰と陽が映える。

希望の誕生

ドミニカ沖の海で遊ぶ幼いマッコウクジラ。家族待望の雌だったこと
から、著者は「ホープ（希望）」と名づけた。

海上の饗宴

アラスカ沖で大きな口を開けたまま海面から顔を出し、
ニシンを捕食するザトウクジラ。このように仲間同士で
協力しながらバブルネットフィーディングを行うクジラ
は、ほかにはあまり見られない。

シロイルカ温泉

カナダ北極圏の北西を長距離移動してきたシロイルカは、
河口の浅瀬にある「温泉」で疲れを癒やす。

極夜に繰り広げる高精度の狩り

ノルウェーの北極圏では、シャチが仲間とコミュニケーション
をとりながら、連携してニシンの群れを取り囲む。日差しの少
ない冬の時期、この海域にやって来たシャチは、ニシンを球
形の群れ（ベイトボールと呼ばれる）に追い込んで捕食する。

ハワイの社交クラブ

イルカの中で最も社会性の高いハシナガイルカの
群れ。オアフ島の沖合で夜間に魚を追ったあとは、
沿岸で休息し、皆で遊ぶ。

ジェームズ・キャメロン クジラの秘密

海の世界を思い浮かべてほしい。熱帯のカラフルなサンゴ礁、険しい海底谷、熱水の噴き出す孔、海氷に覆われた海山など、さまざまな生息環境が存在し、それらが互いに影響を及ぼし合っている。生命が躍動する海では、巨大なものから微小なものまで、すべてが助け合いながらそれぞれに重要な役割を担う。

その世界に、巨大な脳を持つ非常に知的で感覚の鋭い種が加わり、独自の豊かな文化を形成している。その動物は個性を大切にし、生き残るためのスキルを子に教え、受け継いできた伝統を守り、仲間の死を悼み、子の誕生を喜ぶ。

これは奇想天外なSFの世界ではない。私たちが暮らす世界、地球の話だ。この海の惑星では、クジラが悠然と泳ぎ、複雑な生活を営んでいる。しかし、その様子を目撃した者は少ない。

謎多きこの海の巨大動物を真に理解するには、優れた物語が必要だ。ブライアン・スケリーはクジラのストーリーテラーである。ナショナル ジオグラフィックの写真家であり科学の素養もある彼は、40年にわたってこの素晴らしい動物の詩を写真で紡いできた。クジラの生活に溶け込み、そこで見たもの、つまり「クジラの秘密」を私たちに教えてくれる。

ナショナル ジオグラフィック協会の代表的なエクスプローラーでもある私は、海を探求して創作活動をしたいというブライアンの気持ちがよく分かる。私も同じ情熱を持っているからだ。私たちはどちらも、米国内陸部にある労働者階級の町で育ち、海に引きつけられるようになった。YMCAのプールでスキューバダイビングの資格を取ったという共通点もある（私は16歳のとき、凍えるような真冬のバッファロー市で取得した）。そして2人とも、この世界を解き明かすような斬新で刺激的な映像・写真を追求し、理解し、制作するために、さらに邁進を続けなければならないと考えている。

本書『ナショナル ジオグラフィック クジラ 海の巨人』は、海の異次元へと続く入り口だ。数々の写真を見ていると、海に引き込まれ、クジラの母子愛や、狩りのドラマ、ゲームを楽しむような喜びが感じられる。ブライアンの写真は、「クジラ類」について解き明かすだけでない。結果として、私たち「人類」を教え、導いてくれるのだ。

クック諸島沖で、生後2日目の子を胸ビレの下にかばうザトウクジラの雌。ザトウクジラの母親は熱心に子育てをし、生き残るために必要な行動を教える。

はじめに　ブライアン・スケリー

　あるとき、忘れられない体験をした。米国ケープコッド湾に沈んだ難破船ピンディス号の撮影を終え、友人の船に乗り込もうとしたとき、海上無線が流れてきた。ロブスター漁師の声は、延縄（ロブスターを捕る仕掛けが複数つながった縄）にクジラが絡まったと告げている。港に向かっているが、どうすることもできないらしい。

　時は1985年、まだGPSのない時代だったので、私たちはロブスター漁師が送信した座標を船のロランC（航行システム）に入力し、航路をプロットして、エンジンをかけた。巨大なクジラが海面に浮かんでいるのかと思ったが、現場に到着してみると、ロブスター漁のブイがいくつか浮いている以外は何も見えない。エンジンを切り、数分間そのまま漂っていた。すると突然、クジラが息つぎする音が聞こえた。左舷沖に見えたのは、縄が絡まったままブイを引きずって泳ぐクジラだった。ドライスーツをまだ着ていた私は、すぐさま海に飛び込んだ。

　クジラに絡まった縄を解くのは非常に専門的な技術なので、訓練だけでなく、認可が必要な場合も多い。この作業は通常、経験豊富な船員が船上から行う。手順はこうだ。可能ならば、まずクジラに絡まった縄の端をつかみ、それを船の綱止めに結びつける。クジラが落ち着いたら、クジ

ラをゆっくりと引き寄せながら、首尾よく縄を切る。これでようやくクジラは自由の身となる。

　だが、リスクも高い。作業を誤ると、クジラや、縄を外す船員に危害が及ぶ恐れがある（実際に、善意で救助にあたった者がクジラの振り上げた尾ビレに当たって死亡するという、痛ましい事故も起きている）。常識ある者なら、海の中で縄を外すような愚かなまねはしない。

　しかし、当時23歳だった私は、そんなことは何も知らず、ただクジラを助けたい一心だった。着古した分厚い青色のダイビングスーツを着て、マスク、シュノーケル、フィンをつけ、小さなザトウクジラに向かって泳いだ。手にはカメラではなく、古いバックナイフを持って。
「小さな」というのは、もちろん相対的な表現だ。私の目の前で身動きがとれなくなっていた子クジラは、少なくとも体長6メートル、体重13トンはあっただろう。私は海面を泳いでゆっくりとクジラに近寄り、体に絡まった縄の位置を確認しながら、どうすればよいか算段を立てた。さらに近づいたその時だった。子クジラが一瞬身をよじったため、胸ビレが私の腹部に当たり、一瞬息ができなくなったと思ったのも束の間、クジラは暗い海に潜ってしまい、海面には私だけが残された。

推定体長約15メートルのマッコウクジラの雄「ゼウス」が、
スリランカ沖で海面に向かって浮上する。

再び姿を現したクジラを見ると、まさに鎖につながれたような状態だった。ロブスター用の延縄が絡まったクジラは、多少は泳ぎ回ることができたが、海底に仕掛けがあるせいで遠くへは行けないのだ。

私は再びクジラに向かって泳いでいき、今度は縄の下に手を入れることに成功。縄をクジラの体から持ち上げ、その下にナイフを滑らせて切った。するとまたクジラは潜ったが、1分もしないうちに浮上してきた。そうやって、私が縄を切ってはクジラが潜るという行為を、ゆうに1時間は繰り返した。

何度も縄を切るうちに、小さなザトウクジラは私が危険な存在ではなく、助けようとしているのだと気づいたようだ。もはや興奮することもなくなり、私が近づくのを許し、縄を切る間、じっとしていた。

尾ビレと胴体に巻きついていた縄をすべて取り除き、残るは口の左側の1本になった。縄が肉に食い込んで血まみれになっている。ゆっくりと近づいていくと、クジラの目が私を見つめているのが見えた。果てしなく長い時間に感じたが、実際には数秒の出来事だったのだろう。

私は縄をしっかりとつかみ、口からそっと外した。これですべての縄が外れたことになる。すぐさま泳ぎ去るだろうと思ったが、クジラは海面にとどまり、しばらく私を見つめたあと、浅く潜って優雅に去っていった。クジラが立てた波紋の中に残された私は、ぷかぷかと海面に浮かびながら、泳ぎ去る姿を見送った。息つぎの音が聞こえ、かすんだ水平線にやがてクジラは消えていった。

こうした経験がたくさん詰まった本書は、世界で最も威厳のある動物を、何十年にもわたって現地で撮影した記録である。クジラはまさに海を代表する存在だが、大半の人は一瞬しか姿を見たことがなく、その情報も限られたものしかない。私はクジラの「人間らしさ」に畏敬の念を抱いており、本書の写真を通して、クジラが世界で果たす重要な役割を伝えたいと願っている。何しろ、人間は愛するものを守る生き物なのだから、想像力をかき立てる物語を伝えることで、クジラに愛着を持ってもらえるだろう。

本書では写真によってクジラの文化と知恵を表現し、世界最大の動物とその複雑な社会について重層的な見方を提示したいと思う。これから紹介する通り、この堂々たる生き物は新しい状況に適応する驚くべき能力を持っている。また、独自の方言や、母系社会、毎年集団で採餌するような組織的な社会習慣など、クジラが深い文化を有している証拠もある。本書を通して、クジラという生き物の素晴らしさが余すところなく伝われば幸いだ。たとえ1枚の写真、または1つのエピソードでもあなたの心に響けば、私の仕事は成功したと言えるだろう。

米国マサチューセッツ州で育った私にとって、一番楽しい思い出はビーチで過ごした時間だ。家族で休暇を過ごしたニューベッドフォードでは、捕鯨博物館を訪ねて、船員の航海日誌や船上での生活を描いた油絵を見て回った。小説『白鯨』の作家メルビルが1世紀以上も前に歩いた石畳の通りを歩いたり、説教壇が船首の形をした海員礼拝所の座席に座ったりもした。

小さな工場町に住む少年だった私には、クジラの神秘や海の冒険物語が、セイレーン（ギリシャ神話の海の女性）の歌のように魅惑的に感じられた。こんなに立派な動物を殺すなんて許せないと思った一方で、野生の巨大生物が太古の昔から海を悠然と泳いできた姿を想像すると、魂を揺さぶられた。何百万年も前に生息していた恐竜とは違い、クジラは今まさにそこにいる。自分の目で見なくてはならない――そう思った。

それから数十年後、私は海にいるクジラを初めて見ることになる。しかし、そのときのクジラは、漁具に絡まって人為的ストレスに苦しんでいたわけである。私がクジラのところに行くのは、写真を撮るためだが、彼らの世界に入れてもらうという魔法のような体験ができるからでもある。野生動物をなでたり、撮影のために必要以上に近づいたりすることに興味はない。彼らに受け入れてもらうこと、つまり同じ空間にいてもいいと認めてもらうことこそが、私にとって重要なのだ。そして、クジラに受け入れられると、より高い次元に行くことができる気がする。

そうした瞬間がこれまでに何度もあった。たとえば、アイルランドでは野生のイルカと、アゾレス諸島ではマッコウクジラの家族と、カナダのノバスコシア州では親のいな

いシロイルカと過ごした日々がそうだ。多くの場合、クジラは単に私を受け入れるだけでなく、私が交流を図ろうとすると、向こうから進んで相手をしてくれた。こうして出合いを重ねるごとに、クジラへの憧れはますます強まっていった。

こうしたチャンスをくれたのがナショナル ジオグラフィックだ。2006年、クジラの記事の取材に初めて携わり、2年間セミクジラと一緒に過ごした。2013年には、2年にわたり世界9カ所で5種のイルカ（小さなクジラ類）を撮影し、それが2015年に特集記事になった。

これらの経験から学んだことが2つある。私は、一生クジラ類だけを撮影していられれば幸せだということ。そして、その道を進んだとしても、せいぜい彼らの生活のほん

カナダの北極圏域で、海面に集まるイッカクの家族。
母親の背中に乗る子や、神話のユニコーンのような牙が生えた雄もいる。
（写真＝ブライアン・スケリー、ナンセン・ウェーバー）

の一部しか把握できないだろうということだ。クジラは複雑な生き物であり、未知の部分が多いことを実感したのである。

　この頃、ドミニカでマッコウクジラを研究している生物学者、シェーン・ゲローと出会った。彼は、何世代にもわたって年長の賢い雌たちが家族を率いている、と教えてくれた。このクジラは個性を大切にし、家族は共通の方言を使う母系集団に属しているという。家族内でもさまざまな子育ての方法があり、子守り役や乳母がいる場合もあるそうだ。

　シェーンが話してくれた群れの様子は、何世代にもわたって受け継がれてきた文化、伝統の1つに過ぎない。同じ種であっても、すむ場所や、学習内容、海で長年暮らすうちに得た知恵に応じて、異なる行動をとるようになる。

　そのとき私は、はたと気がついた。文化というレンズを通して見ることが、クジラを理解する鍵であると。その基礎にあるのは認知である。イルカやクジラは体の大きさに比べて脳が大きい。

　さらに興味深いのは脳の使い方だ。ザトウクジラは歌合戦を行い、シャチは偏食家で、シロイルカは毎年夏になるとお気に入りのビーチリゾートに出かける。もちろん擬人化した表現ではあるが、誇張しすぎてはいない。クジラの

ハワイ島コナ沖を泳ぐ3頭のゴンドウクジラ。
1頭は死んだ子を口にくわえている。弔いの儀式をしているかのようだ。

行動に人間社会の言葉（歌合戦やビーチリゾート）を当てはめることは、非科学的かもしれない。しかし、こうした行動は単なる行動ではなく、文化なのだ。

私はストーリーテラーとして、他者と関係を築くには経験を共有することが大事だと痛感している。シェーンは行動と文化の違いをこう表現する。「何をするかが行動で、どのようにするかが文化だ」。彼は、人間が道具を使って食事をすることを例に挙げ、これは行動だと指摘する。しかし、フォークとナイフを使うか、箸を使うかは文化だという。

シャチに偏食家という表現を使うのは、人間に例えると理解しやすいからだ。実際、生息域によって食の好みに違いがある。自分たちの食文化をとても大切にしている群れでは、その食物が手に入らない場合、ほかのものを食べるよりも死ぬことを選ぶこともある。

こうした驚くべき事実を知って感動した私は、2017年、それまでの経験を生かして、3年間の冒険の旅に出ることにした。クジラからさらに多くのことを学び、クジラが生活の中で見せる独特な行動や瞬間を撮影するためだ。自分のキャリアの中で最も大がかりな仕事を前に、私は期待と不安を抱いて最初の一歩を踏み出した。

クジラの撮影は非常に難しいので、失敗する可能性が高いことは承知していた。私がクジラを撮影するときはたいてい、スキューバダイビングではなく、素潜りで行う。つまり、息を止めて泳いでいられる間しか、海中で撮影できない。また、クジラが私を近寄らせてくれることも必要だ。さらに、太陽が照っていなければ、色彩や細部がはっきりしない写真になってしまう。こうした条件がすべてそろい、しかもクジラが何か興味深いことをやっていれば、その日は最高だ。

クジラの撮影に必要な条件をベン図で表したなら、かなり複雑なものになるだろう。素晴らしい成果を得るには、現場で長い時間を費やす必要がある。本書は、何度も海に出た成果だ。また、才能ある人々から貴重な協力が得られ、数々の幸運（私は神の介入と信じたい）に恵まれた結果でもある。

作家ヘンリー・ベストンは、ケープコッドに関する著書の中でこう書いている。

というのも、動物は人間の物差しで測るべきではないからだ。私たちの世界よりも古くからある完全な世界において、彼らは完成された完全な動きをし、私たちが失ってしまった、あるいは獲得したことのない感覚を与えられ、私たちには決して聞こえない声に従って生きている。彼らは人間と同類でもなければ、劣った存在でもない。彼らは別世界の住人であり、私たちとともに生命と時間の網にかかった、素晴らしくも苦難に満ちた地球の囚人仲間なのだ。

この言葉がクジラほど当てはまる動物はいないだろう。事実、私はクジラを「別世界の住人」、あるいは海の種族だと考えている。クジラと一緒に泳ぎたかった少年時代の夢は、今や何千倍にもなって実現し、一緒に過ごす時間が長くなるほど、ますますクジラに心を揺さぶられるようになった。

いつの日か、クジラについて理解が深まり、人間世界との壁がなくなることを願っている。きっと今頃どこかで、1頭のザトウクジラが深海を泳ぎながら、幼い頃に迷子になって窮地に陥ったとき、人間に助けられた話をしているだろう。

第 1 章

セミクジラ

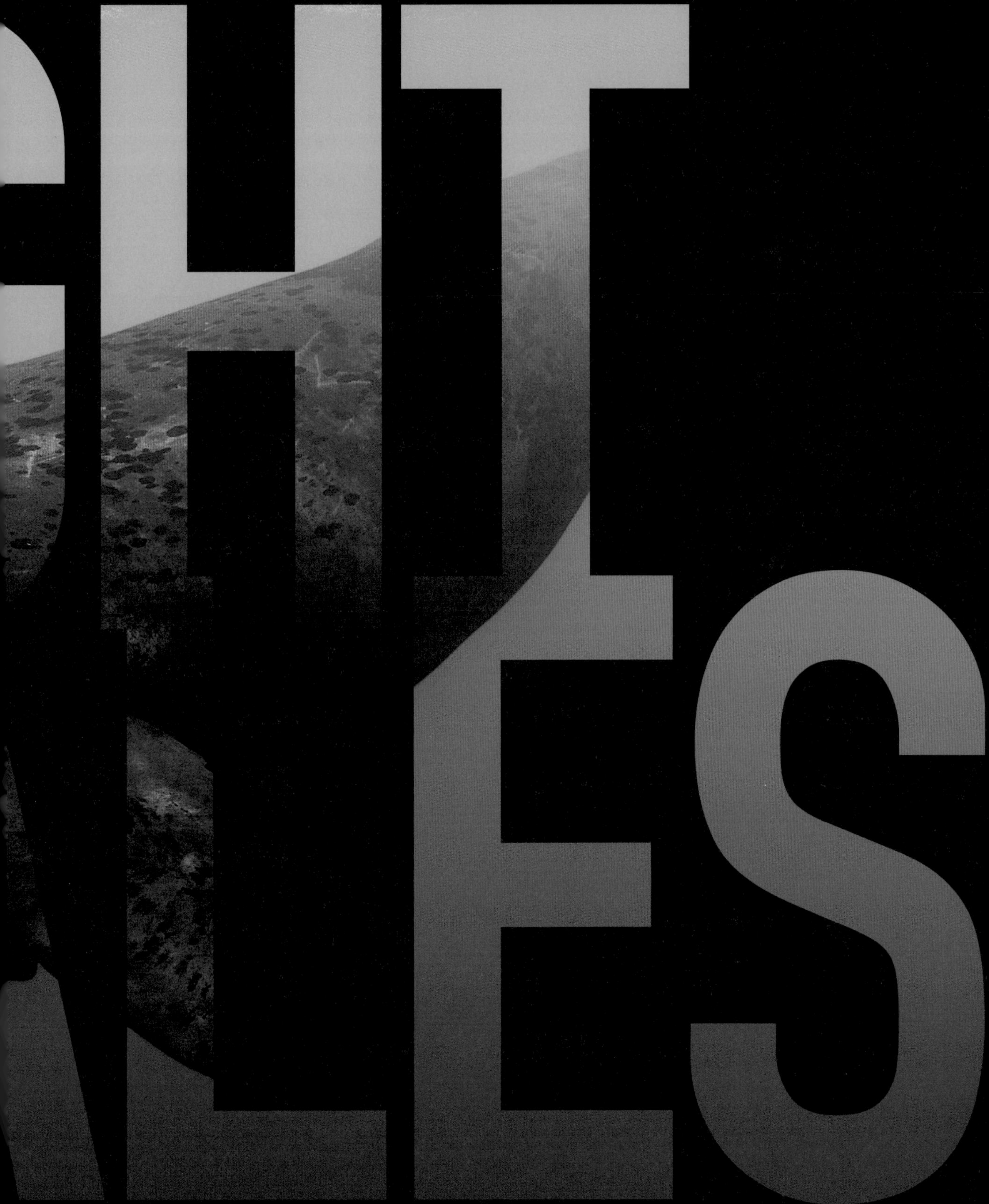
HT
LES

2種のクジラの物語

あるタイセイヨウセミクジラが春に米国ケープコッド湾を離れ、大西洋を横断する旅に出た。5カ月にわたり泳ぎ続けたのち、故郷から何千キロも離れた意外な場所で立ち止まった。そこは、ノルウェーの海岸沿いにあるフィヨルドであった。

海をはさんだ両国の研究者たちは頭を抱えた。セミクジラがノルウェーに現れるのは、少なくとも100年ぶりだ。なぜ、このクジラはここへ来たのだろう?

セミクジラ類が放浪するのは、それほど珍しいことではない。米国ニューイングランド地方沖にいるはずのセミクジラ類が、アイスランドやアゾレス諸島に現れることもままある。ニューイングランド水族館で世界中のタイセイヨウセミクジラを追跡している研究者チームが「ポーター」と名づけたこのクジラは、結局ケープコッド湾に戻った。科学者らは、これも特異な目撃例に過ぎないと考えた。クジラは予想外のことをするのが得意なのだと。

その数年後、ドイツのある歴史学者が、この出来事を一風変わった新たな視点で捉えた学術論文を発表した。

論文によると、ポーターが発見されたノルウェーの沿岸一帯は、1400年代に捕鯨が行われた場所だという。そして、捕鯨の対象となったのがくだんのセミクジラだった。

この発見に、科学者らの背筋は凍りついた。そして、ポーターの旅について新たな疑問が次々と持ち上がった。これは偶然の一致なのか? 旅路は遺伝子に組み込まれているのか? それとも、ポーターは何らかの文化的な衝動に駆られて海を横断し、先祖が死んだ場所を訪ねたのだろうか?

唯一確実に分かっていることは、セミクジラ類をはじめとするクジラ全般について、彼らの世界の出来事を知る手がかりはほとんどないということだ。生涯をかけてクジラの行動を研究している科学者でさえ、クジラの生活のごく一部しか見ることができない。

セミクジラ類を示す英名"right whale"は、クジラ捕りたちが「殺すのにもってこいのクジラ」という意味で名づけたものだ(和名の「背美鯨」は、背中の曲線の美しさに由来する)。タイセイヨウセミクジラは、地球上で

> ## セミクジラ属
>
> *Eubalaena*
> 平均体長:15メートル
> 平均体重:60トン
> 保全状況 (IUCN)
> タイセイヨウセミクジラ:深刻な危機 (CR)
> ミナミセミクジラ:低懸念 (LC)

ニュージーランドのオークランド諸島で、著者に近づいてくる好奇心旺盛なミナミセミクジラ。頭部の白いカロシティには、クジラジラミという小さな甲殻類やフジツボが付着しており、皮膚がでこぼこしている。

最も絶滅が危惧されるクジラの1つで、現在では400頭ほどしか確認されていない。しかし、昔からこうした状況だったわけではない。ニューイングランド地方の伝承によると、かつては巨大なタイセイヨウセミクジラの黒い背中の上を歩いて、ケープコッド湾を横断できるほどだったという。しかし、セミクジラ類は泳ぐスピードが遅く、海岸近くによく現れ、死後も海面に浮くため、捕鯨の格好の対象になり、18世紀には絶滅寸前まで追いやられた。

体長はスクールバスほどの大きさ、体重は60トンにもなるタイセイヨウセミクジラは、冬はフロリダ、春はケープコッド湾、夏はファンディ湾で過ごすことが多い。しかし近年、海水温の上昇に伴い、もっと北で採餌している可能性もあるという。タイセイヨウセミクジラは、好物であるカイアシ類（米粒大の微小な甲殻類）を求めて始終移動している。数少なくなったこのクジラについて、科学者たちは詳細な家系図を作成し、目視で個体を識別している。

1935年以降、タイセイヨウセミクジラを殺すことは禁止されているが、それでも人間はその生活を壊し続けている。繁殖速度が遅いうえに、フロリダからカナダにかけての高度工業地帯沿いの大西洋に生息していることもあり、産業捕鯨による破壊的な影響からいまだに回復できていない。

おそらく今後も回復は難しいだろう。彼らのすむ海は、化学物質や農業排水、下水で汚染され、耳障りな騒音にあふれているからだ。また、船舶やレジャーボートの往来や、廃棄された釣り糸が死を招く環境を作り出しているが、クジラたちには避けようがない。タイセイヨウセミクジラの85％に漁具が絡まってできた傷跡があり、2回絡まったものは半数を超える。

タイセイヨウセミクジラの寿命は70年とされているが、それほど長生きすることはまれで、この10年間に自然死したものは確認されていない。20年以内に絶滅する恐れがあると言う科学者もいる。

もし、人間の活動がこれほどの脅威を及ぼさなかったなら、セミクジラ類はどのような暮らしをしていたのだろう？　それを知るには、南下するしかない。赤道以南の海域は比較的静かで、人間も船舶も少なく、工業地帯からも遠いため、ミナミセミクジラは平和な生活を送っている。太っていて、体格が良く、丈夫で、傷跡もなく、科学者たちも驚くほど健康状態が良いという。

1900年代には、何世紀にもわたる捕鯨の結果、タイセイヨウセミクジラもミナミセミクジラも同じような苦境に立たされていた（セミクジラ属のもう1種であるセミクジラも絶滅寸前だった）。しかしミナミセミクジラは、数十年前に国際的な保全措置がとられて以来、着実に回復している。丈夫で、ストレスがなく、寿命が長く、繁殖力も高いため、毎年7％以上も個体数が増えている海域もある。

私は長年、近縁関係にあるこの2種がたどった正反対の運命に心を痛めてきた。2007年、新たに見つかったミナミセミクジラの個体群を撮影するため、私はニュージーランドのオークランド諸島に向かった。真冬の撮影は一か八かの賭けだった。海の透明度はどれくらいなのか、クジラに出合えるのか、私を近づけてくれるのかなど、見当もつかなかったからだ。

エンダービー島の海岸に近づくと、水深約20メートルにある砂地の海底がはっきりと見えた。海は日の光できらめいている。そのとき不意に、4、5頭のセミクジラ類が私たちの船に向かって泳いできた。私たちが何者なのか、

ミナミセミクジラは、

それまで出合ったどのクジラよりも

好奇心旺盛だった。

体当たりされると、

まるでセメントの塊が

ぶつかったように感じた……

その撮影の日々は、

海にいる友だちに

毎日会いに行くようなものだった。

クジラが近寄ってきてくれることが

分かっていたからだ。

興味津々の様子だ。

　私が海に飛び込むと、クジラたちはすぐに近寄ってきた。何台ものバスがこちらに泳いでくるような感じだ。間近で見ると、皮膚のでこぼこした斑紋には、小さな甲殻類やフジツボが付着していた。科学者たちは、「カロシティ」というこの特徴的な模様でクジラの個体を識別する。

　ミナミセミクジラは、それまで出合ったどのクジラよりも好奇心旺盛だった。体当たりされると、まるでセメントの塊がぶつかったように感じた。いくら人懐っこいとはいえ、野生動物に触れてはいけないことは何年も前に学んでいた（相手が触られるのを嫌がった場合、あるいは喜んだ場合でも困ったことになる）。

　その撮影の日々は、海にいる友だちに毎日会いにいくようなものだった。クジラが近寄ってきてくれることが分かっていたからだ。朝起きて愛犬のもとへ遊びにいくのが待ち遠しい、小さな子どものような気分だった。

　ミナミセミクジラとは対照的に、タイセイヨウセミクジラは絶滅の危機にひんしており、厳しい保護下にある。そのため、私が最接近したのも船のデッキからだった。たとえ一緒に海に入れたとしても、私を近寄らせてくれるとは思えないし、ましてや待ちきれない子犬のように群がってくるとは思えない。彼らが警戒するのも当然だろう。

　クジラは秘密を明かしてくれない。タイセイヨウセミクジラのポーターが、なぜ何世紀も前に仲間が殺された場所に泳いでいったのか、私たちには知る由もない。だが、偶然の一致ではないだろう。もし、その海域について、何世代にもわたって受け継がれてきた知識の断片を持っているとしたら？　ただし、それが解明される前にこのクジラは絶滅してしまうかもしれない。

ビッグな求愛

亜南極の冷たい海で、ミナミセミクジラのペアが求愛
のバレエを繰り広げる。この日は視界が悪かったた
め、クジラより深く潜ってシルエットを捉えた。

ブリーチングする子クジラ
米国フロリダ沖で小型飛行機から見ていると、タイセ
イヨウセミクジラの子がジャンプ（ブリーチング）を
繰り返していた。元気がありあまっているようだ。

母子の絆

米国フロリダ州北部沖で、母親に鼻を押しつけるタイセイヨウセミクジラの子。この種は出産率が下がっており、減少する個体数がなかなか回復しない。

深海からの浮上

カナダのファンディ湾で、海面を突き進むタイセイ
ヨウセミクジラ。ずんぐりした体形、カロシティ、
通常は海中にある目が確認できる。しかし、海面
から姿を見るだけでこの種を理解するのは難しい。

王者の朝食

春になると海面に集まってくるカイアシ類を食べるために、1頭のスキム
フィーディング（濾しとり採餌）するヒゲクジラが米国マサチューセッツ
州プロビンスタウン沖に現れた。口を開けたまま海面を泳ぎ、ヒゲ板で
小さな生物を濾しとる。

勝利の凱旋

ほかのヒゲクジラ類と同様、セミクジラ類にも噴気孔が2つある。孔に
角度がついているため、潮を吹くと見事なV字形になる。

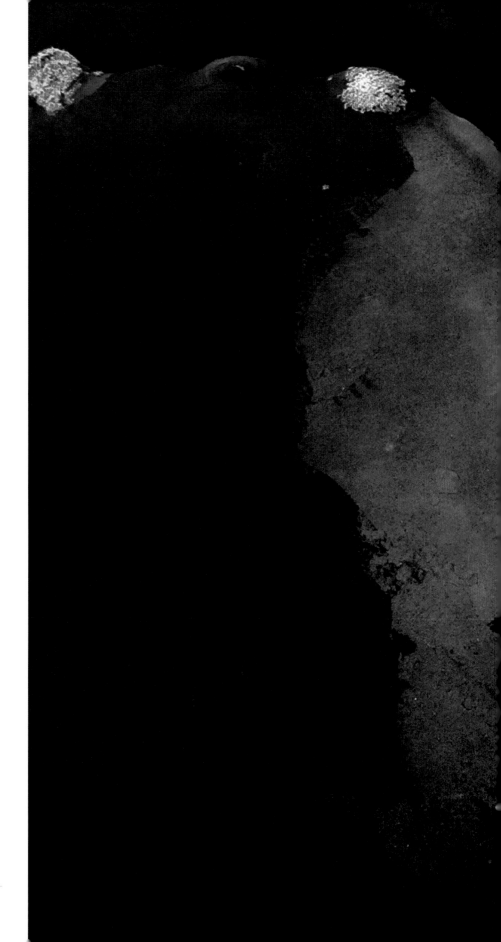

見つめる瞳

ニュージーランドの海で出合ったミナミセ
ミクジラのクローズアップ写真。目の上に
はフジツボやクジラジラミが付着したカロ
シティがあり、人間の眉毛のように見える。
ここのクジラたちは人間を見たことがない
らしく、私に興味津々だった。じっとこち
らを見つめて、必死に理解しようとしてい
たのだろうか。

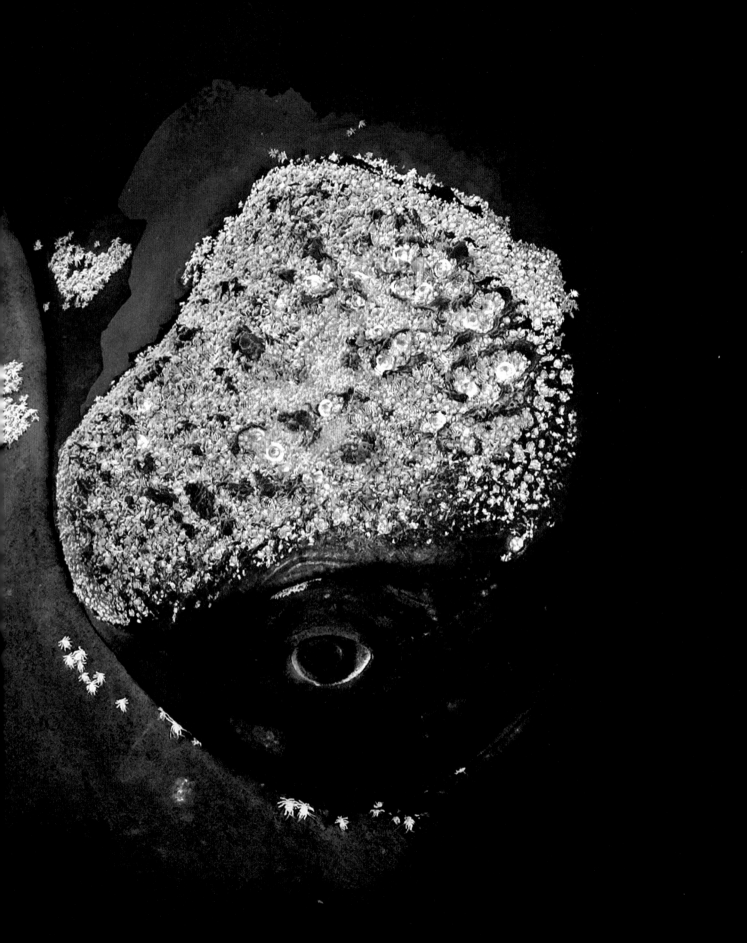

素晴らしい新世界

写真家が海洋哺乳類の写真を撮るには、ほんの一瞬でもいいから、彼らの生活の中に入れてもらう必要がある。オークランド諸島でクジラたちと過ごした日々は、世界の海の片隅でたった1人、愛想のいい魅力的なクジラたちと向き合うという、まさに魔法のような時間だった。

詩的な光景

水深20メートルの海底に膝をついて見ていると、クジラが優雅に体を反らせてS字形になり、砂地の海底から数センチのところで浮かんだまま動きを止めた。体長13メートル、体重60トンもある動物が繊細に動く姿は、たいへん感銘深いものだった。

撮影秘話

　私は海老反りになり、両肩が地面につきそうな格好をしていた。難しいヨガのポーズをとっていたわけではない。ドライスーツを着て、水深20メートルの海の中にいたのだ。スキューバタンクは砂地にすれていた。水中マスクの1メートル先にいるのは、体長13メートル、体重60トンほどのミナミセミクジラだ。

　クジラは約45度の角度に体を倒し、私をよく見るために体を回した。カメラをのぞいてみたが、写真を撮るには光量が足りない。被写体がフレームを埋め尽くし、上からの日光を遮っていたからだ。クジラが尾ビレを少しでも動かせば、私は押しつぶされていただろう。しかし、クジラはその場に浮かんだまま、私を観察していた。

　ニュージーランドのオークランド諸島では、最初の数日間、私だけで潜ることにした。1人ならともかく、2人のダイバーが近づくことをクジラは許してくれないと思ったからだ。しかし、私たちが到着した瞬間から、セミクジラは自分たちの世界へ迎え入れてくれた。一緒に船に乗っていた研究者たちによると、ここのクジラは人間を見たことがないため、怖がらずに興味津々で寄ってくるのだという。

　これらの写真を撮って以来、新しい友と一緒に冷たい海で泳いだ当時のことをよく思い出す。写真が残っていなければ、夢としか思えないような体験だった。

群れの生活

カナダのファンディ湾で海面活動をするタイセイヨウセミクジラの群れと、それを観察するニューイングランド水族館の研究チーム。こうしたにぎやかな集まりでは、クジラはアップコール、ガンショット、スクリームなどと呼ばれる、さまざまな声を発する。

突然の訪問者

オークランド諸島周辺の海は視界の変化が大きい。水が濁っていたこの日、1人で海底付近を泳いでいると、ミナミセミクジラが突然現れ、驚いた。好奇心旺盛なこのクジラは、近寄ってくることが多い。

夕焼けの彼方へ

ファンディ湾のグランドマナン島沖でのこと。長い一日の終わり
に、秋空の薄れゆく光の中で、沖合へ向かうセミクジラを追って
いたとき、夕日に輝く美しい尾ビレを撮影する幸運に恵まれた。

第 2 章

シロイルカ

静かな入り江

その旅は毎年夏に北極圏から始まる。何百頭ものシロイルカ（ベルーガ）は、長く暗い冬をカナダのバフィン湾で過ごしたあと、北西航路に沿って一緒に泳ぎ、流氷の間を縫って、サマーセット島の小さな入り江へと向かう。そこは地図で見ると小さな点に過ぎず、ほとんど人の訪れない極北にある。しかしシロイルカにとって、このカニンガム入り江は聖地なのだ。

2000頭ものシロイルカがここで夏を過ごし、出産や子育てをする。この場所は、北極圏の中では比較的穏やかで、海より数度温かい川の水も流れ込み、水深も浅い。生まれたばかりの子どもはまだ皮下脂肪が少なく、世界で最も冷たい海で体温を保つことができないため、ここは最適の場所と言える。私が「シロイルカ・ビーチ」と呼ぶこの入り江は、保養地であり、分娩室であり、温泉施設でもある。動物界にこのような場所はほかにない。

シロイルカは、鮮やかな緑青色の海で白く輝いて見える。くるくると回転し、尾ビレを海面に打ちつけ、石をたわし代わりにして古い皮膚をこすり落とす。灰色の子ども（おとなになると白くなる）は、浅瀬で小石を使って遊んだり、母親の背中に乗せてもらったりしている。時折、潮が引いて陸に取り残されたおとなが、腹ばいになっていることがある。尾ビレを反り上げて頭を水面から突き出すその姿は、まるで巨大なバナナだ。

シロイルカも間違いなく、人間と同じように海辺の時間を楽しんでいる。のどかなこの入り江は、彼らの豊かな文化を垣間見る窓でもある。クリック音、ホイッスル音、ポップ音を組み合わせて何百もの単語を作り出し、おしゃべりをする。救難信号、地名、さらには仲間の名前まで表現できるという。母と子はしばらく同じ名前で呼ばれ、やがて子は自分の名前の音を持つようになる。

シロイルカの社会は結びつきが非常に強く、ある母親が出産すると、ほかの雌も母乳が出るようになって子育てに協力する。赤ちゃんは生まれて数時間は、ほとんど聞き取れないような小さな声を出す。生後2年間に発するのは赤ちゃん言葉で、音や基本的なフレーズをいろいろ試すようだ。やがて母親への単純な呼びか

シロイルカ（ベルーガ）

Delphinapterus leucas

平均体長：4～6メートル

平均体重：0.9～1.3トン

寿命：35～40年

保全状況（IUCN）：低懸念（LC）

カナダ北極圏域、カニンガム入り江の浅瀬で遊ぶシロイルカ。
まるで緑色の海に浮かぶ白い幻影のようだ。

シロイルカは頭を振って
超音波を盛んにはたらかせ、
カメラの正体を探ろうとしている。
自分たちに害のないものだと分かると、
滑稽なことを始めた。
カメラを丸ごと口にくわえたり、
ひっくり返したり、
そこに映り込んだ自分たちの姿を
見たりするのだ。

け以外にも鳴き声のレパートリーが増えて完璧に話せるようになる。

カニンガム入り江では、多くの子イルカがともに学び、成長する。科学者が「幼稚園」と呼ぶこのグループでは、数頭のおとなが監視するなか10〜15頭の子どもが一緒に遊び、その間ずっとしゃべり続けている。おしゃべり好きだが、声帯はなく、噴気孔の近くにある鼻嚢を通じて声を出す。

北極圏の先住民にとって文化的に重要な存在であるシロイルカは、北極圏でも特にカリスマ性のある生き物だ。体長は4〜6メートル、体重は1トン強と、クジラ類としては小型の部類に入る。淡水と海水を行き来することができ、大きな川を泳ぐことが多い。サケ、ニシンなどの魚、エビ、軟体動物、ゴカイなどを捕食している。背ビレがないため、氷の下を泳ぐことも可能だ。

大半のクジラ類とは異なり、シロイルカは首の柔軟性が高いため、大きな頭を回したり、縦に振ったりすることができる。口角が少し上がっていて、まるで微笑んでいるようだ。前頭部にある「メロン」という独特な形の器官には、重要な役割がある。メロンのおかげで、クジラ類の中で最も高度な超音波を使った反響定位能力を発揮できるのだ。メロンを動かして声の出し方を調節し、流氷に当たって跳ね返るキーキー音やクリック音を受けとり、どちらへ進むべきか判断する。

このように音を頼りに生活しているシロイルカは、騒音に非常に敏感だ。残念ながら、静かな居場所だったカニンガム入り江はどんどん騒がしくなっている。ほんの数年前

まで北西航路は完全に氷に閉ざされていたが、今では夏に
なると船が通る。ちょうどシロイルカが避難場所を求めて
集まってくる季節だ。シロイルカを驚かせるのはたやすい。
人がつま先をちょっと水につけただけでも、すぐに逃げて
しまう。

そのため、カニンガム入り江のシロイルカと一緒に泳い
だことは一度もない。撮影する唯一の方法は、遠隔操作の
水中カメラを使うことだ。カメラがちょうどいい位置にく
るような潮位になる時間帯に、生まれたばかりの赤ちゃん
と母親を撮影することに成功した。

遠隔カメラは、シロイルカの個性を見事に捉えた。まず、
シロイルカは頻繁に逆立ちをする。科学者によると、この
姿勢でいると超音波がよくはたらき、立体視もより正確に
行える可能性があるという。理由が何であれ、好奇心旺盛
で遊び好きな動物であることは間違いない。

シロイルカはよくカメラの近くまで泳いでくるのだが、
そのときメロンの形が目に見えて変化する。頭を振って超
音波を盛んにはたらかせ、カメラの正体を探ろうとしてい
る。自分たちに害のないものだと分かると、滑稽なことを
始めた。カメラを丸ごと口にくわえたり、ひっくり返した
り、そこに映り込んだ自分たちの姿を見たりするのだ。

ある日、川のそばに立っていると、遠くに大きな船が見
えた。船から降ろされた2隻のボートが入り江に入ってく
る。普段、カニンガム入り江の付近にボートの往来はない。
たまに、地元にあるロッジの客がカヤックで訪れる程度だ。
しかし、このボートは船外エンジンを使って突入したので、
音に敏感なシロイルカたちには、雷鳴がとどろくように聞

こえたに違いない。数分のうちに、少なくとも700頭以
上が入り江から逃げ出していった。

ようやく何頭かが戻ってきたのは、それから4、5日後
だった。北西航路かさらに西の海域へ出て、少し落ち着い
たのかもしれない。しかし、本当のことは分からない。近
くの河口域でもシロイルカのニーズを満たす場所はある
が、この入り江がお気に入りなのだ。何世紀も前からここ
に来ており、これまでは騒音がなかった。

シロイルカのように聴覚の優れた動物にとって、騒音は
計り知れない脅威である。騒音があると、獲物を捕まえる
のも仲間とコミュニケーションをとるのも難しくなる。北
極圏の氷が溶ければ、彼らの暮らす世界はますます騒がし
くなるだろう。

かつては氷で閉ざされていた海域で、石油や天然ガスの
掘削が行われ、船舶の往来が増えることで、シロイルカは
大切な仲間との関係を築きにくくなる。生まれたばかりの
赤ちゃんが母親を呼ぶか細い声は、大きくなる喧噪の中で
真っ先にかき消されるだろう。カニンガム入り江は、母と
子が最初に絆を結ぶ場所であるため、こうした混乱は特に
大きな打撃となる。シロイルカの世界では母親が次の世代
に、どこへ行くべきか、どうやってそこへ行くか、何を食
べるか、それをどうやって捕るかといった重要な文化を教
えるからだ。

船のスクリューやモーターによってシロイルカの言葉が
かき消されれば、クジラの文化は失われる。北極圏におい
て、文化とは、単にビーチで楽しく過ごすというようなも
のではない。生き残るのに欠かせない重要な鍵なのだ。

暮らしやすい場所

北西航路からランカスター海峡にやって来たシロイルカ
（遠くの海氷が白い線状に見える）。ここには「温泉施設」
もあり、シロイルカにとっては夏の保養地だ。
（写真＝ブライアン・スケリー、ナンセン・ウェーバー）

分娩室

浅くて水温がわずかに高い河口域で、雌のシロイルカは出産と子育てをする。ここでは数千頭のシロイルカが見られるが、母子ペアの割合が高い。

ほら、笑って!

映画の「E.T.」に少し似たシロイルカの赤ちゃんが、母親の背中に乗って
海面から顔を出す。生まれたときは灰色だが、成長するにつれ白くなる。

撮影準備OK

水深わずか1メートルほどの場所に集まって、遠隔カメラを興味深げにのぞき込むシロイルカたち。よく逆立ちするのは、そうすると超音波が届きやすいからだという。背ビレがないことも、逆立ちを容易にしている。

氷の遊び場

シロイルカの母子たちが、カニンガム入り江付近に浮かぶ流氷
のそばではしゃいでいる。子どもは誕生後すぐに太る必要があ
るため、乳を飲んで、保温性に優れた脂肪の層を増やす。
(写真=ブライアン・スケリー、ナンセン・ウェーバー)

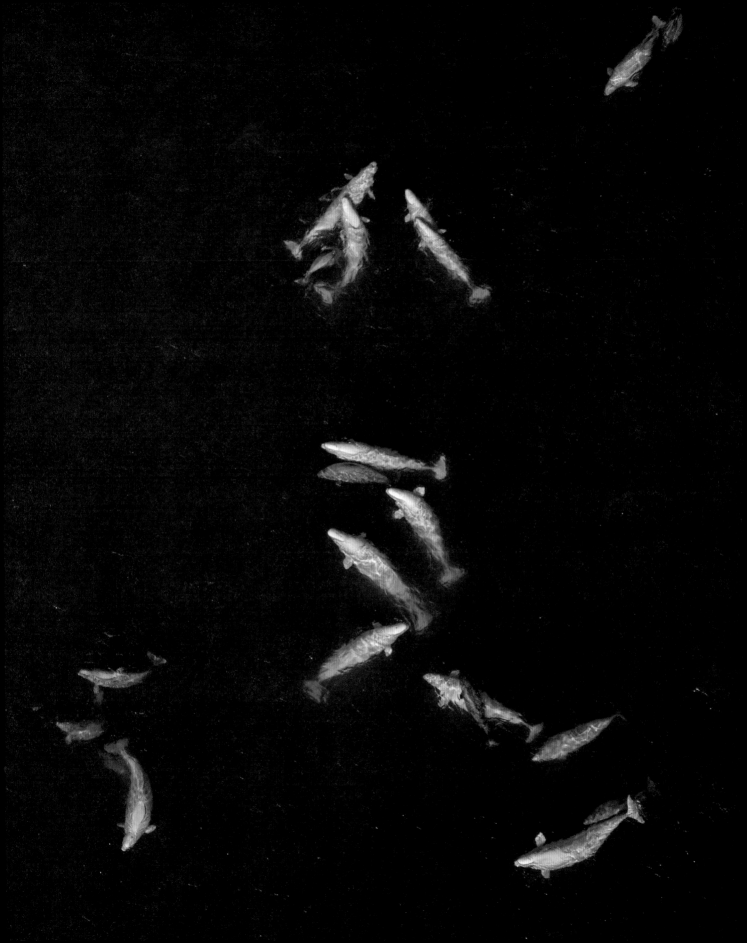

かわいい赤ちゃん

河口の浅瀬で遊ぶシロイルカの赤ちゃんと、すぐそばを泳ぐ母親。川の水温は海水より3〜4度高く、赤ちゃんが過ごすのに絶好の環境と言える。

水中の生活

河口の浅瀬に何十頭ものシロイルカが群がり、遊びなが
ら、海底の砂利に体をこすりつける。砂利をたわし代わ
りにして、古い皮膚をこすり落としているのだ。

極北の人魚

まるで伝説に出てくる海の生き物のように海面から顔
を出すおとなの雌のシロイルカ。灰色の尾ビレを上げ
ているのは子どもだ。

石拾いゲーム

おとなのシロイルカが、海底の小さな石を器用に拾い上げて遊んでいる。
これまで海の中で撮影されたことのない行動だ。

ゲームプラン

イルカが海藻で遊ぶように、シロイルカも小さな石を口にくわえて泳ぐこ
とがよくある。石を落とすと仲間に拾われてしまう。

ゲームで見せる真剣な顔

「シロイルカ・ビーチ」では、かなりの時間を
石と戯れて過ごしているようだ。

ピントもばっちり

私は、シロイルカが特注の遠隔水中カメラに見向きもしないのではない
かと心配だった。しかし、ありがたいことにその逆だった。興味津々で、
カメラに向かってさまざまな姿を見せてくれた。

3頭でポーズ

岸から離れたやや深い海域では、おとなのシロイルカが頻繁に交流し、遊びに興じる。冬は真っ暗な中で過ごすからか、夏になると好んで日光浴に興じるようで、海面から顔を出すことも多い。

撮影秘話

何年にもわたる計画の末、ついに私はシロイルカを撮影するため、カナダ北極圏域のサマーセット島へ向かった。シロイルカ特有の文化は非常に興味深く、しかも、この場所で撮られた水中写真は見たことがなかったからだ。同行してくれたナンセン・ウェーバーは、有名な極地探検家ファミリーの一員で、現地の事情に精通していた。そんな彼に、ここでシロイルカと一緒に潜るのは無理だ、と言われた。

ナンセンは数年前に半遠隔カメラでの実験を行い、良い結果を得ていた。そこで私は、水中に長時間設置できる受動式カメラシステムを作った。人間の存在を感じさせずに、シロイルカの自然な行動を撮影するためだ。

一番の課題は水そのものだった。海上からは透明に見えても、海水と川の水が混ざり合っているため、海中では視界が悪い時間帯が多い。1回目の撮影後、何百枚もの写真を見ているうちに、胃が痛くなってきた。ちゃんとシロイルカはそこにいて、海底の砂利で遊んでいるのに、私が撮った写真はまるで無色のゼリー越しに撮影したようで、どれも使いものにならない。やっとここに来ることができ、シロイルカもいるし、新しいカメラも使える。それなのに、予想だにしなかった事態によって、すべてが台無しになりそうだった。

それでも諦めず、ナンセンと私は川や入り江の潮流や地形を調べた。試行錯誤の末、ついに時折水が澄んでいる場所を発見。その結果、私の想像をはるかに超える写真の撮影に成功したのだった。

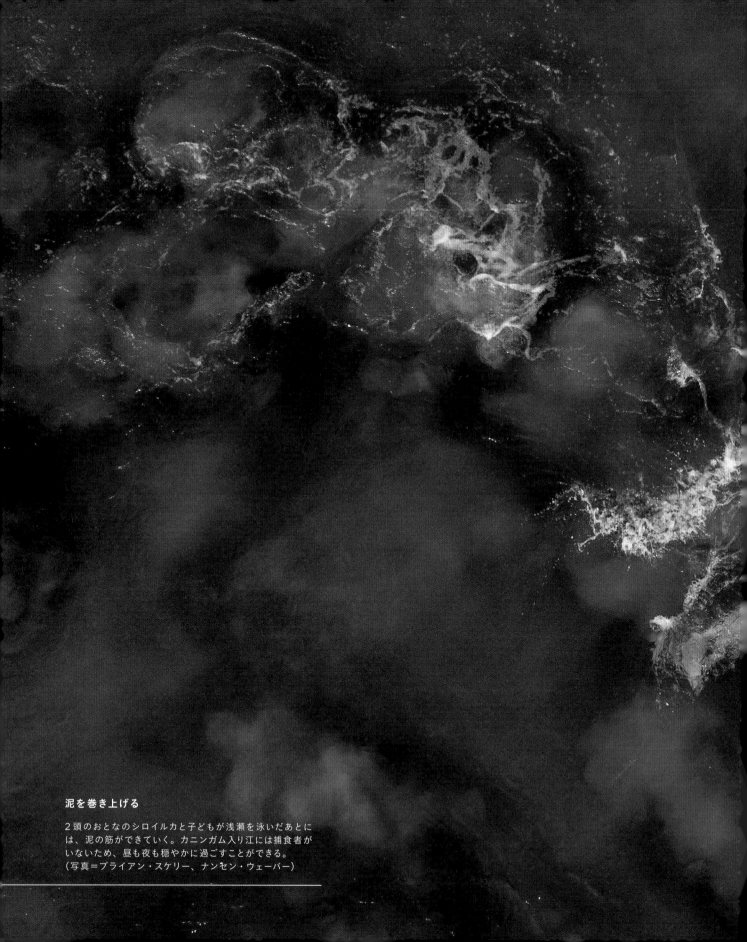

泥を巻き上げる

2頭のおとなのシロイルカと子どもが浅瀬を泳いだあとに
は、泥の筋ができていく。カニンガム入り江には捕食者が
いないため、昼も夜も穏やかに過ごすことができる。
（写真＝ブライアン・スケリー、ナンセン・ウェーバー）

第 3 章
シャチ

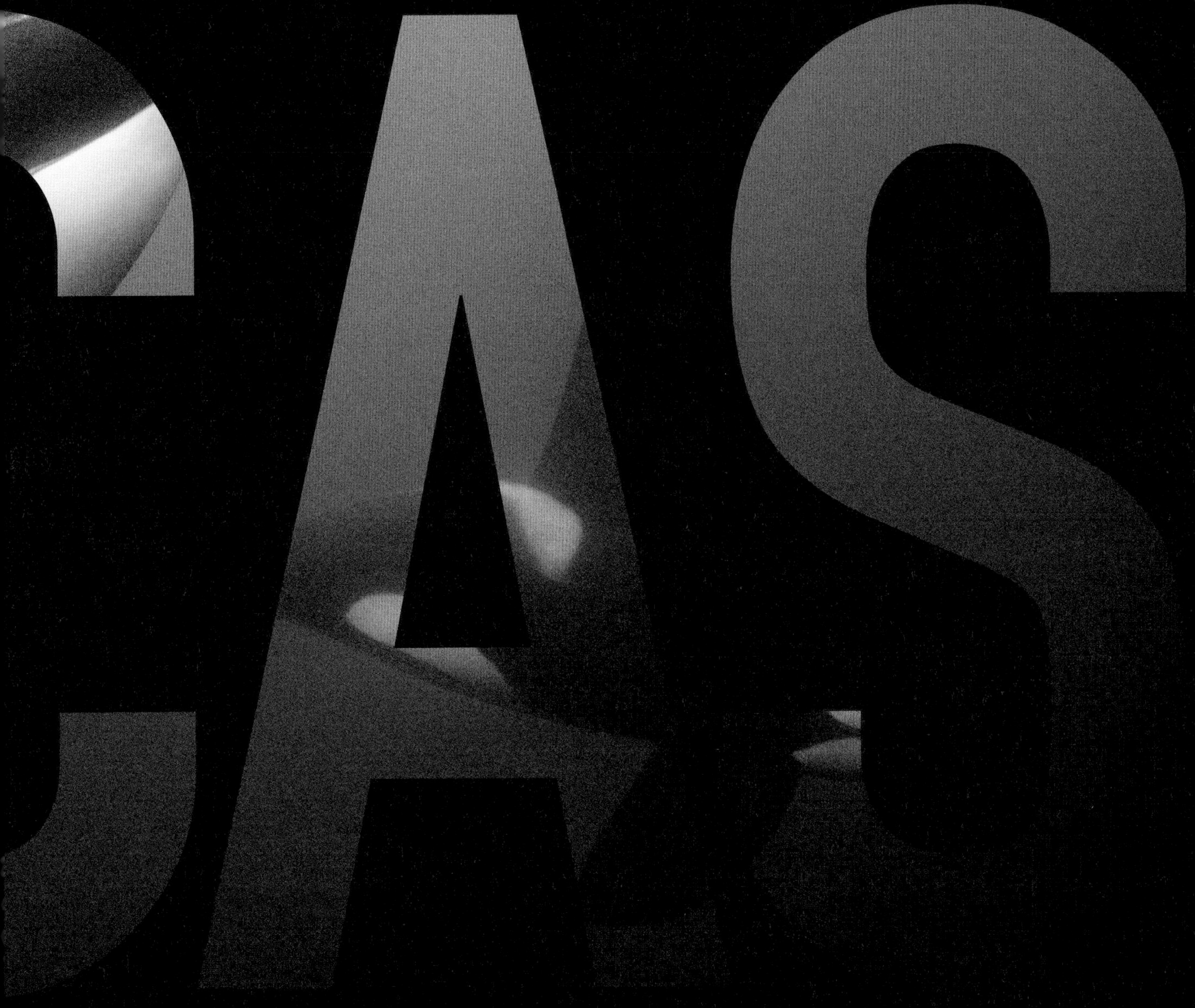
CAS

心あるハンター

ブラッドスポーツ（動物が血を流す競技）のリングに上がると、シャチはありとあらゆる必殺技を繰り出す。尾ビレでサメを叩いて殺すこともあれば、海鳥やカメも捕食し、浅瀬からアシカを狩り、クジラを襲うことさえある。

流線形の体と抜け目なさを備えたシャチは、小さな群れを作り、協力しながら獲物を見つける賢い方法を次から次へと編み出す。その独特な採餌戦略からは、ほかの海洋哺乳類には見られない知性と創造力によって生み出された、洗練された文化がうかがい知れる。

世界中の海に生息するシャチは、マイルカ科最大サイズの種である。野生での寿命は50〜80年で、体重は6トン、歯の長さは10センチにもなる。群れは最大40頭からなり、一生の大半を1カ所で過ごす定住型の家族もいれば、放浪するオオカミの群れのように海を泳ぎ回る回遊型の家族もいる。定住型は主に魚を食べ、回遊型は海洋哺乳類を好んで食べる。どのシャチも音と超音波を使う。高周波の音波を出して、その反響を聞きながら獲物を探すのだ。

シャチ（オルカ）

Orcinus orca
平均体長：7〜10メートル
平均体重：5.5トン
寿命：50〜80年
保全状況（IUCN）：データ不足（DD）

英語で「キラーホエール（殺し屋のクジラ）」とも呼ばれるシャチは、世界最強クラスの捕食者である。ところが、驚くほど巧妙で柔軟な狩りをする。しかも、生息場所によって食べ物の好みが異なる。アルゼンチンのシャチ一家は、浜辺にいるアシカを襲う。ニュージーランドのシャチは、アカエイを捕まえ、ひっくり返して動けなくしてから、肝臓を引きちぎる。南極では、群れで一斉に泳ぎ、大波を作ることで、流氷の上にいるアザラシを叩き落とし、逃げるところを攻撃する。またメキシコでは、太平洋岸からアラスカへ初めて移動するコククジラの子を捕まえる。

シャチは単においしくて手に入りやすい獲物を狙っているわけではない。そうした狩りの戦術を何世代にもわたって受け継いでいるのだ。フォークランド諸島では、ある小さなシャチの群れが、ゾウアザラシの子を捕食する狡猾な方法を考え出した。まず、家族で年長の雌が1頭、狭い水路を泳いで、乳離れしたゾウアザラシの子どもたちが遊んでいる浅瀬に近づく。体を横倒しにして近づくので、背

東カリブ海で偶然出合ったシャチの群れ。

ビレは見えず、気づかれることもない。ゾウアザラシの子をつかんで沖に引きずり出すと、そこにはシャチの家族が待ち構えている。

1時間もの間、シャチはその子をもてあそび、やがて死んでしまうと、家族に捕まえ方や引き裂き方を教える。殺られる側からすれば（それを偶然目にした人間にとっても）、随分回りくどいやり方だが、若いシャチにとっては生きていくのに欠かせない知識なのだ。こうして彼らは、生きた獲物を狩る方法を学んでいく。知られている限り、シャチがこの方法で狩りをするのは、世界でもフォークランド諸島しかない。しかも、それを何十年も続けている。

さらに興味深いことに、シャチは必要に応じて行動を変える。より良い方法が見つかった場合も然りである。ノルウェーの北極圏に生息するシャチは、長年、協力して狩りを行ってきた。白い腹部をひらめかせてニシンを怖がらせ、球状に囲い込んで尾ビレで叩くのだ。こうした狩りが何十年も続いていた。しかし近年、同じシャチの群れが「テイクアウト」を好むようになったという。大量のニシンを運ぶ漁船の近くを泳ぎ回り、漁網から魚がこぼれ落ちたときに、ちゃっかり「タダ飯」にありつくのだ。

シャチに注目されることは、めったにない素晴らしい体験だが、あまり居心地の良いものではない。クジラ類としては大型でないとはいえ、体長は9メートル、幅は2.5メートルもあり、その巨体とスピードにダイバーは緊張を強いられる。シャチは常に泳ぎ回り、常に独自の方言のようなクリック音を発し、常に用心深い。その黒い瞳は何も見逃さない。シャチに間近でしげしげと見つめられると、まる

でスーパーコンピューターでスキャンされているような気分になる。私が何を考え、何を感じているか、夕食に何を食べたかまで見透かされているようだ。

私はノルウェーで、ニシンを求めて漁船を追うシャチと一緒に泳いだ。緑色に濁った海を水深6メートルまで素潜りすると、シャチが眼下に見えた。おこぼれの魚を狙って、漁網の周りを泳ぎ回っている。私のことは、気になるが無害な存在と見なしているようだ。もたもたしているアシカとでも思ったのだろう。

しかし、もっといい写真を撮ろうと、スキューバタンクを装着して1時間後に戻ってみると、雰囲気が一変した。突然、ライバルと見なされたのだ。私がいた場所は、シャチが食べようとしている魚のすぐそばだった。私は目の前の漁網からこぼれ落ちるニシンにカメラの焦点を合わせた。近づいてきたシャチの目つきや姿勢、身振りから、言いたいことが手に取るように分かった。「それは私の魚だ。私が食べるんだよ！」

シャチの順応性の高さを示す例はほかにもある。ここ数年、氷が溶けて新しい水路ができると、北極圏に進出するようになった。そしてその先々で、巧妙な狩りの方法を編み出している。今や、北極圏で頂点捕食者として長年君臨したホッキョクグマと肩を並べるほどで、イッカクやシロイルカを殺す姿も目撃されている。

最新の調査によると、ここのシャチはさらに北へ進出しているという。そんな決断をしたのは好奇心からなのか、偶然水路を発見したからか、それとも繊細な感覚によってどこへ行くべきかを悟ったのか。シャチの存在は、変化の

著しい北極圏で複雑に絡み合う生物の関係にどのような影響を与えるのか。その答えはまだ出ていない。

　シャチがいくら賢くて恐れ知らずでも、産業活動が盛んになった海の危険から身を守るすべは持っていない。ほかのクジラ類と同様、シャチも漁網や釣り糸が体に絡まり、船の騒音によってコミュニケーションや採餌、回遊が妨げられている。水銀などの汚染物質が体内の組織に入り込み、それがやがて母乳に移行する。シャチの子の死亡率が痛ましいほど高いのは、母親が赤ちゃんに与える初乳が猛毒であることが多いからだ。

　シャチの母子間の強い絆は、人間の母子の関係性と似ている。妊娠期間はクジラ類で最も長い15〜18カ月で、子どもは2年間母親の乳を飲む。母親は子をしっかり守り、驚くほどの思いやりを示す。

　かつて私はノルウェーの北極圏で、極寒の海を泳ぐシャチの母親が、死んだ子を頭からかぶっているのを見たことがある。その子は母乳に含まれる汚染物質が原因で死んだと見られている。母親の周りを、十数頭の仲間が取り囲んでいた。私は何時間もこの家族に近づこうとしたが、仲間には入れてもらえなかった。

　この母親もシャチの例に漏れず、直感の鋭い狡猾なハンターだった。しかしその日、彼女が子どもを何時間も運んでいるのを見たとき、私は思った。これは葬列に違いない。シャチの間にも、人間と同じくらい複雑な結びつきがあるのだと。外洋の冷酷な殺し屋という評判は、適切ではなかったようだ。そのときの彼女は、我が子を失ったことを嘆き、手放そうとしない母親に過ぎなかった。

シャチに注目されることは、

めったにない素晴らしい体験だが、

あまり居心地の良いものではない。

クジラ類としては大型でないとはいえ、

体長は9メートル、

幅は2.5メートルもあり、

その巨体とスピードに

ダイバーは緊張を強いられる。

シャチは常に泳ぎ回り……

常に用心深い。

その黒い瞳は何も見逃さない。

本領を発揮

秋と冬に移動してくるニシンを食べに来たシャチ。ノルウェーの北極圏
は、あと数日で太陽が昇らない極夜になり、暗闇に包まれる。

青い海に消える

ノルウェーの海で、子どものシャチが
2頭のおとなの前を泳ぐ。シャチが狩
りをしたときに取れた魚のうろこが、
水柱（海洋の縦方向の円柱状の空間）
を埋め尽くしている。

追悼

寒く陰鬱な11月のある日、私はノルウェーのフィヨルドを泳ぐシャチの家族を見かけた。1頭のおとなが運んでいたのは、死んだ子だった。近づくのは難しく、また邪魔もしたくなかったが、何とかこの物悲しい葬列を写真に収めた。

安らかに眠らんことを
死んだ子を運ぶ母親。心より冥福を祈る。

タダ飯

歴史的に、シャチはニシンを狩るためにノルウェーの北極圏にやって来て、海の中で協力して魚を囲い込む「カルーセル」という独創的な戦略で採餌をしてきた。しかし最近では、商業漁船の近くで漁網からこぼれ落ちたニシンを食べるという、お手軽な食事を選ぶことが増えたという。

ファストフード

ノルウェー北極圏の暗く冷たい海で、漁網か
らこぼれ落ちたニシンを食べるシャチ。この方
法なら、通常のカルーセル方式よりもはるか
に少ないエネルギーで食事にありつける。

チームワーク

ノルウェーの北極圏で、協力してニシンの群れを球状に囲い込んでいくシャチの家族。まず、コミュニケーションをとりながら白い腹部をひらめかせてニシンを怖がらせ、群れを小さくまとめていく。その後、尾ビレで叩いて気絶させてから、1匹ずつ食べる。

撮影秘話

　数カ月にわたるフィールドワークを終えてニュージーランドに到着した私は、時差ぼけで少し寝不足だった。しかし、海でシャチを探しているとパワーが湧き、出かけたくてうずうずしてきた。シャチの研究と保護に生涯を捧げているイングリッド・フィッセル博士とともに、私はボートに乗り込んだ。

　沖合でシャチの家族を発見。海岸に向かって移動しているようだ。イングリッドは、カメラマンのキナ・スコレーと私に、シャチから十分離れた前方に降りるよう指示した。しかし、ボートから滑り降りると、大きな雌のシャチのほうから近寄ってきた。そのシャチは口にアカエイをくわえていたが、私を見上げたはずみでエイを落としてしまった。漂いながら海底に沈んでいくエイを見つめている。

　私は直ちにエイのもとへ向かった。シャチが取り戻しにくるかもしれないと思ったからだ。後ろを振り返ると、シャチがこちらに向かって泳いでくるのが見えた。浅瀬なので、なおさら巨大に感じる。エイの死骸をはさんで、私とシャチは向かい合う。シャチはしばらくその場にとどまっていた。「それを食べるの？食べないなら私が食べるよ」と言わんばかりに。

　シャチはそっとエイに近づき、口にくわえた。そして頭を持ち上げ、いったん動きを止めて、私のことを気にかける素振りを見せた。背後に別のシャチがやって来ると、彼女はゆっくりと後ろを向いた。家族と一緒に獲物を分け合うのだろうか。そして、家族とともに緑色の海へと消えていった。

素顔を接写

ニュージーランドの北島沖で、シャチの家族を撮影する
カメラマンのキナ・スコレー。この家族は、獲物のアカ
エイを求めて海岸へ向かっていた。

コツを教わる

フォークランド諸島沖では、2組のシャチの家族が、ゾウアザラシの子どもを狩る戦略を編み出した。母系家族の家長である雌が、身を潜めている乳離れしたての子アザラシを捕まえて、沖合に連れていき、家族に狩りの仕方を教える。

狩りの授業

アルゼンチン（パタゴニア）のバルデス半島にあるプンタ・ノルテ岬沖では、少数のシャチが、浜辺にいるオタリアを襲うというユニークな採餌戦略を考え出した。ほかのクジラ類の採餌戦略と同様、これは母親が子にコツを教える学習行動である。

海の魔法

カリブ海で思いがけず出合ったシャチの家
族。青く澄んだ海の中を泳ぐその姿に、私
は畏敬の念を抱いた。シャチは間違いなく、
海で最も知的な動物だ。彼らを目の前にす
ると、その無限の能力を思い知らされる。

第 4 章

マッコウクジラ

神秘の深海

あるマッコウクジラの群れに、雌の赤ちゃんが生まれた。名前はディジット。3頭しかいないその群れは、何年もの間、雌の子が生まれなくて困っていた。カリブ海に浮かぶドミニカ島の風下に暮らすこの小さな集団は、かつては大きな家族の一部だった。しかし、生まれる子は雄ばかりで、その雄も漁具に絡まったりボートにぶつかったりと不幸が続いた。若い雌がいなければ、群れの知恵と独自の伝統は途絶えてしまう。ディジットは家族にとって希望の星だった。

マッコウクジラの文化を守るのは、いつも母親と祖母である。雌たちは、何十年にもわたって家族を結びつけ、導き、教え、育む。そうやって、次の世代に伝統を受け継ぐ準備をする。どのマッコウクジラも、捕食し、泳ぎ、子守りをし、身を守り、交流し、コミュニケーションをとるが、その方法は「クラン」と呼ばれる集団ごとに異なる。しかし、そのパイプ役になるのは常に雌だ。

誕生から数年間、幼いディジットはすくすくと育った。母乳を飲んで丈夫になり、海での暮らし方を学び、尾ビレを上げて深く潜り、イカを捕るようになった。しかしその後、危機が訪れる。4歳になった頃、大きく重いブイのついた漁用の長いロープが絡まってしまったのだ。3年間、ディジットはその仕掛けを引きずったまま、潜ることも捕食することもできなかった。地元のダイバーがロープを切って助けようとしたが、尾ビレをつかむことしかできなかった。希望に満ちて始まった物語は、悲劇へと暗転する。東カリブ海のマッコウクジラは毎年4%減少していることもあり、研究者たちはこのドラマの展開を絶望的な思いで見ていた。

ところが、嘆きはやがて驚きに変わった。親戚のクジラたちが戻ってきたのだ。再会したクジラたちは、傷ついたこの子を中心に結束を固めた。ボートが近づくたびに、ディジットを囲むように輪になって守った。ディジットは授乳期をとうに過ぎていたが、ほかのクジラが戻ってきてからは、母親と一緒に潜水するようになった。おそらく母乳を飲んでいたのだろう。潜水の合間には、ほかの雌たちがディジットの相手をした。

マッコウクジラ

Physeter macrocephalus
平均体長：15〜18メートル
平均体重：30〜40トン
寿命：最長60年
保全状況 (IUCN)：危急 (VU)

東カリブ海のドミニカ沖で交流する3頭のマッコウクジラ。

その後、何があったのかは分からないが、ディジットの尾ビレからロープが消えた。ロープが絡まっていた場所に傷跡は残っているものの、家族と一緒にのびのびと泳ぎ、明らかに楽しそうにしている。ディジットは、どうやって自由の身になったのだろうか？　面倒見のいい親戚たちが、何度も突いたりかじったりしているうちに、結び目がゆるんだのか？　それとも、意図的に糸を食いちぎったのか？　それを知っているのはクジラたちだけだ。

米国マサチューセッツ州で育った私は、遠くまで行かなくても、「深海の怪物」として描かれたマッコウクジラの絵を見る機会があった。ニューイングランド地方沿岸のニューベッドフォード、フォールリバー、ナンタケットなどの海岸地帯では、マッコウクジラが捕鯨船に激突し、大きく口を開けて、船員を海に放り込む絵を見たことがある。有名なハーマン・メルビルの『白鯨』は、人間とマッコウクジラの悲惨な闘いを描いた物語だ。

マッコウクジラは銛が刺さると凶暴になるのかもしれない。しかし、私が出合ったマッコウクジラは、決して残忍ではなく、穏やかで、好奇心旺盛で、知能が高い。見慣れないものや人間が自分の海域に侵入すると、すぐに探りを入れに来る。時には調査船とかくれんぼをしたり、調査船の周りを回ったり、体を横倒しにして船上の科学者を見上げたりすることもある。その表情は、私たち人間とさほど変わらない。

マッコウクジラはハクジラ類で最大の種である。体長は最大18メートル、体重は30〜40トンに達する。毎日1トン近くの食物を食べ、水深1000メートル近くまで潜ってイカを捕食する。そして、科学的に解明されている動物（現存種か絶滅種かを問わず）の中で最大の脳を持つ。

巨大な脳のおかげで、驚くほど巧妙なコミュニケーションが可能だ。マッコウクジラ同士が出合うと、人間がするように自己紹介をする。「コーダ」と呼ばれるクリック音のパターンを使って、「ドミニカから来ました」「ガラパゴス諸島から来ました」とでも言うように、方言で挨拶するのだ。若いクジラが何年もかけて習得するコーダは、クジラにとって、どの集団に所属するかを示す身分証明書のようなものだ。挨拶によって別の海域の出身だと判明すれば、そのまま通り過ぎる。どちらも遺伝学的には同一の種であり、問題なく交尾もできる。しかし、19世紀のニューヨーク市におけるアイルランド人やイタリア人のように、クジラにもクランという集団があり、同じクランの仲間と一緒にいることを好む。

マッコウクジラのコミュニケーションの仕組みについては、科学的な解明が始まったばかりだ。人工知能と音響センサーを駆使して、生物学者や軍の暗号学者などからなる研究チームが、マッコウクジラの言語を解読し、さらには語りかけようと懸命に取り組んでいる。

その実現へ向けて期待は高まるばかりだ。クジラは世界中の海に生息し、人間が直立歩行する前から、海を泳ぎ、生き延びてきた。私たちは彼らから何を学ぶことができるのだろうか？　深海の謎、海山や海底谷、獲物について何を教えてくれるのか？　変化する地球や海の運命について、何か知っているのだろうか？　200年前、人間はマッコウクジラを捕獲し、その油でランプを灯していた。それが今や、何十億円もの資金を費やして、彼らの言葉を学ぼうとしている。

仮にマッコウクジラのコミュニケーションの概要が正確に分からなかったとしても、複雑な生態を理解することは可能だ。彼らは獲物を求めて、暗く冷たい深海で多くの時間を過ごし、十数頭からなる家族が広大な海域に散らばっ

マッコウクジラ同士が出合うと、

人間がするように自己紹介をする。

「コーダ」と呼ばれるクリック音の

パターンを使って、

「ドミニカから来ました」

「ガラパゴス諸島から来ました」

とでも言うように、

方言で挨拶するのだ。

コーダは、クジラにとって、

どの集団に所属するかを示す

身分証明書のようなものだ。

ている。母親が深海で狩りをする間、おばや祖母が代わりに子守りをする。

そして毎日、獲物探しをやめる時間がある。3、4頭、あるいは十数頭いる群れのクジラがみんな浅瀬に集まって、交流を始めるのだ。水中バレエが何時間も続くこともある。互いに体をこすり合わせ、尾ビレや背中に歯を立て、ゆらゆらと漂い、おしゃべりをする。クリック音を出し続け、会話は途切れることがない。

注目してほしいのは、マッコウクジラの体が何かに触れるのは、このときしかないということだ。海底や浜辺で休むこともなく、体をこすりつけるような岩もない。水深1000メートル近い深海には何もなく、3次元の暗闇だけが広がっている。しかし、仲間と集まるときだけは、優しく触れ合って挨拶を交わす。

ディジットのロープが外れた翌年、家族の雌が出産した。その子も雌だった。ある日、私と一緒に2時間近く泳いだとき、その子は人間の赤ちゃんがおもちゃをかじるように、ホンダワラ属の海藻をかんではしゃいでいた。私を恐れることなく、口を開けたままくるくる回ったり、逆立ちして尾ビレをまっすぐ上に伸ばしたりもした。まるで、好奇心の赴くままに遊び回る幼児のようだった。

この子も成熟すれば、この海域で生き抜くための秘訣を身につけることだろう。そうしないと生きていけないからだ。海は変化しており、マッコウクジラも将来どうなるか分からない。しかし、この日の子クジラは、近くにいる母親を気にする様子もなく、何の心配事もなさそうだった。

東カリブ海のマッコウクジラを研究している科学者たちは、それぞれのクジラに名前をつけている。私がこの子にぴったりの名前を提案すると、彼らも気に入ってくれた。その名前は「ホープ（希望）」だ。

家族の希望の星

生後半年のマッコウクジラの子が、ドミニカ沖でホンダワラ属の海藻
と戯れる。新しい世代の雌のリーダーを待ち望んでいた家族にとって、
この子は希望の星だ。そこで私は「ホープ（希望）」と名づけた。

優しいひととき

2019年に見つけた子クジラ「ホープ」の授乳風景。この写真をマッコウ
クジラの研究者シェーン・ゲローに見せたところ、「クジラ学の世界には、
こんな古い言い習わしがあります。『いつの日かマッコウクジラの謎はす
べて解明されるだろう。ただし、授乳方法を除いて』」と彼は言った。「そ
の謎がこれで解けました！」

母系家族のリーダー

ドミニカ沖で一緒に泳ぐマッコウクジラの家族。年長の賢い雌が家族を
率いて、集団のために意思決定を行う。

海の真ん中で

ドミニカ沖で母親の真下を泳ぐ、幼いマッコウクジラの
「ホープ」。まだ生後半年だが、漁網が絡まったような傷跡
がある。漁網はクジラにとって深刻な脅威だ。

調査の現場にて

ハル・ホワイトヘッド博士所有のヨット「バラエナ号」で、
ドミニカ沖にいるマッコウクジラの調査を行う。マッコ
ウクジラは一生の大半を深海で過ごし、浮上するのは
短い時間だけだ。こうした生態に加えて、天候にも左
右されるため、データ収集は依然として難しい。

海の光景

海面近くで休むマッコウクジラ（左）の口から、イカの触腕
がはみ出している。右は、口を開けて泳ぐ別のクジラ。

ベビーシッター

母親が深海でイカを捕食している間、ライオスと名づけられた
おとなのマッコウクジラが、ヨナという名の子どもの世話をす
る。家族によって、専任の子守り役を決めている場合と、交
代で行っている場合がある。乳母までいる家族もある。

入浴中！?

ドミニカ沖に浮かぶホンダワラ属の海藻の間で遊ぶ、おとなの雌のマッコウクジラ。家族を撮影中にこうした行動を見せたのは、この雌とその子どもだけだった。一説には、海藻をたわし代わりにして皮膚をこすっているのだという。

撮影秘話

　スリランカの海では、何もかもが大きいようだ。海自体が広く感じられるだけでなく、ここで出合ったマッコウクジラも、私がほかの海域で撮影したものと比べて3倍以上の大きさがある。この海域では、雌と幼い雄からなる家族がほとんどで、おとなの雄に遭遇することはめったにない。しかし、私はかつてここで伝説の雄クジラに出合ったことがある。

　ある日、海の中でマッコウクジラ特有の「カーンカーン」という音を聞いた。これは雄が自分の存在を知らせるときや、繁殖相手を引きつけるときに出す音だ。はっきりとした大きな音だったので、クジラが近くにいると思ったが、姿は見えなかった。

　日が経つにつれ、私は遠くまで撮影に出かけるようになった。そこで出合ったのが雄クジラの「ゼウス」（私がつけた名前）だ。海の中で初めて見たとき、私は息をのんだ。体長13メートルを超す巨体が、大きく力強い尾ビレで、海面に向かって泳いでいた。

　ゼウスは向きを変えて、私に近づいてきた。遠目には白い壁にしか見えなかったが、近づくと、それは頭の前面だった。平らで、傷跡があり、色は純白に近い。ゼウスは少し向きを変えて、私の数メートル横を通り過ぎた。目と目が合った。その眼差しから感じたのは、強さと力、そして侵入した私に対するわずかな不快感だった。しかし同時に、賢さと寛容さも感じられた。その体は傷だらけで、私がそれまで出合ったどのクジラとも違うオーラを放っていた。

　私は今でも時折、深海にいるゼウスを想像し、どんな話をしているのか思いを巡らしている。

ついに自由の身に

かつて漁のロープが絡まっていたマッコウクジラのディジットが、家族と
交流する姿。尾ビレの傷跡は、ロープのせいで危うく死にかけた証拠だ。

深海の歓喜

家族と遊び戯れるディジット。海にはクジラのコーダ（特殊な方言）が響きわたる。クジラが仲間と楽しく過ごす様子を目の当たりにできるのは、とても貴重な経験だ。何を話しているのか分からないが、私には愛を伝えているように思えた。

巨体に宿る優しさ

怪物として描かれることの多いマッコウクジラだが、実像は
違う。地球上で最大の脳を持つ彼らは、アイデンティティー、
家族、共感が重要となる複雑な社会で生きている。

ザトウクジラ

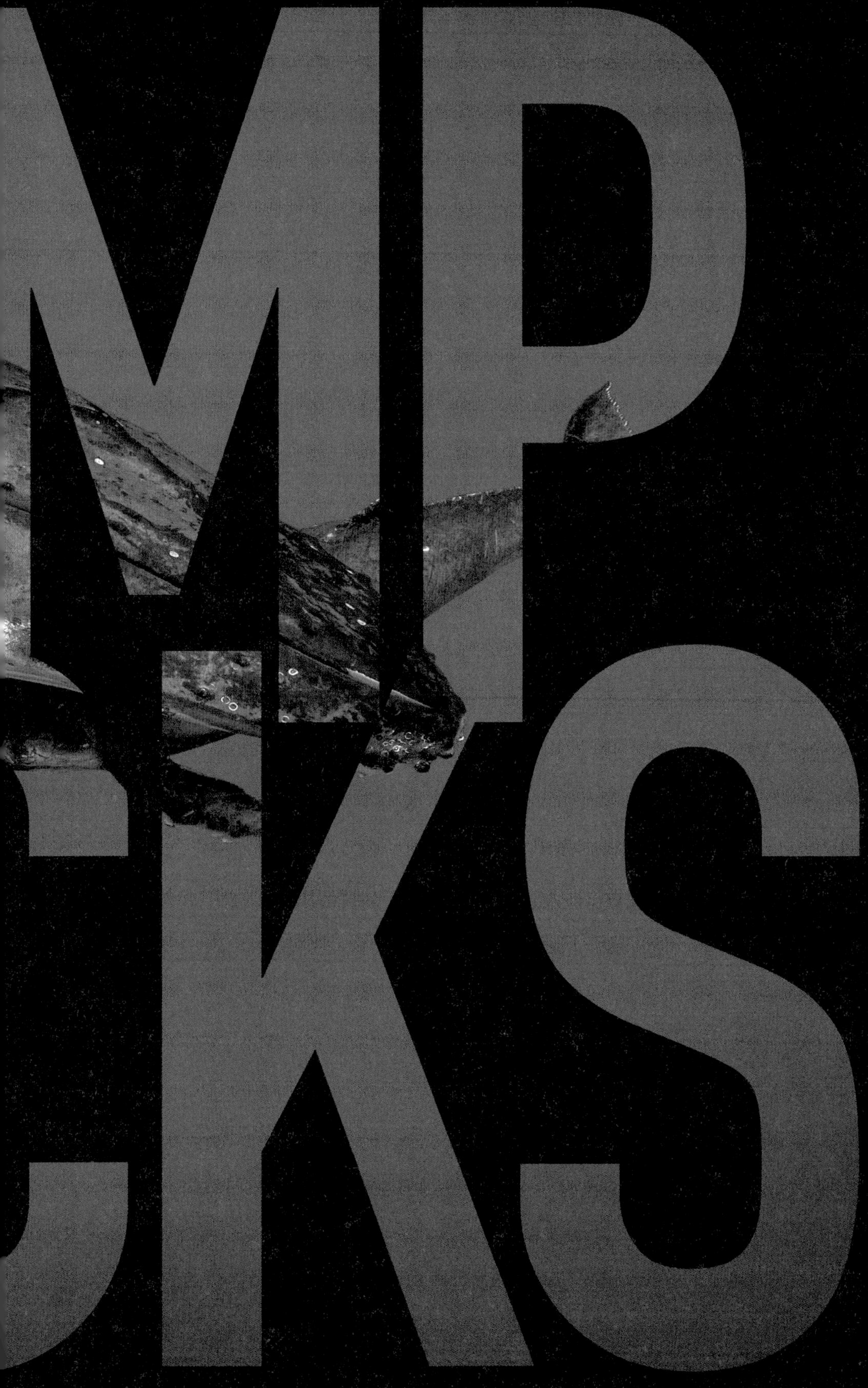
MP
KS

海に響く歌

　人類が何千キロもの海を越えてコミュニケーションをとる方法を編み出したのは、近代になってからだ。しかしザトウクジラは、魅力的な歌を通して、大昔からコミュニケーションをとってきたと考えられている。

　さらに驚くことに、のど自慢大会も開いているらしい。毎年、太平洋ではザトウクジラの雄たちが、うなり声、遠ぼえ、叫び声のような音を組み合わせて、多様な歌を披露し合ったあと、優勝曲を決定する。やがて、そのメロディーは太平洋全体に流行していく。繁殖相手を引きつけるため、あるいはライバルに挑むために、その曲は集団から集団へと歌い継がれ、オーストラリア沖から6000キロ以上も離れた仏領ポリネシアまで広まるのだ。

　ヒット曲は年によってまったく異なる。赤ん坊の泣き声のような曲やドアがきしむような曲、ひどいしゃっくりのような曲もある。クジラは歌うとき、頭を下に向けて逆立ちのようなポーズをとり、浮かんだまま身動きしないことが多い。一説によると、こうすることで海底の地形を利用して歌声を増幅しているのだと

いう。

　ザトウクジラのうねるような歌声は何十年も前から研究されてきたが、そのメロディーが何を意味するかは、まだわずかしか解明されていない。ただ、専門家ではない私が聞いても、その歌声は心に残る複雑なものである。

　クジラ独特の音楽は、聞く者を原始の時代に連れていってくれる。

　ザトウクジラは、私たち人間に最も身近なクジラだ。学名の *Megaptera novaeangliae* はラテン語で「ニューイングランドの大きな翼」を意味し、これは大きな胸ビレにちなんでいる。すべての大洋に数多く生息していると見られ、ホエールウォッチングで比較的容易に見ることができる。

　その歌声は、音速の4倍もの速さで伝わる。しかし、ザトウクジラの驚くべき文化は歌だけにとどまらない。

　アラスカ沖のザトウクジラが獲物を捕まえる方法を見てみよう。彼らは「バブルネット（泡の網）」という作戦で狩りをする。1頭だけでも上手に狩りをすることが分かっ

ザトウクジラ

Megaptera novaeangliae

平均体長：14.5〜19メートル

平均体重：36トン

寿命：最長80年

保全状況 (IUCN)：低懸念 (LC)

アラスカの海でバブルネットによる採餌をするザトウクジラと、アラスカクジラ財団の調査船を上空から捉えた1枚。
（写真＝ブライアン・スケリー、スティーブ・デ・ニーフ）

ているが、各個体が特定の役割を果たしながら、集団で行うことが多い。別の家族と一緒に狩りをすることも少なくないが、それは必ずしも効率が良いからではなく、そうしたいからしているのだ。

この狩りはまず、1頭がアラーム音を出して、仲間に食事の時間を知らせることから始まる。アラーム音は、心に染み込む原始的な悲鳴のようだ。私は、その声の振動によって船体が共鳴するのを聞いたことがある。この声を合図に、みんなで狩りに出かける（魚はびっくりしているに違いない）。

そして別のクジラが、獲物の魚がたくさんいる場所で、下に向かってらせん状に泳ぎながら気泡を吐き出し、魚の周りにバブルネットを作る。この気泡によって、魚は狭い範囲に閉じ込められる。ほかのクジラたちはその周辺を泳ぎ、白く輝く腹部を見せつけて魚を脅かす。その後、クジラは魚の密集した中央部に向かって、大きな口を開けたまま突進し、ごちそうにありつくのだ。

同じアラスカ沖に生息するザトウクジラの中には、獲物を捕るために驚くべき新戦術を編み出したものもいる。漁師たちは、地元のサケの個体数を増やそうと、サケの孵化場を作った。川の産卵場所からサケの卵を採取し、孵化場で大切に育て、稚魚を湾に放流する。

すると、ザトウクジラがこの計画をかぎつけたのだ。今では毎年春、漁師が稚魚を放流する直前になると、サケの孵化場の前に集まってくる。この行動の驚くべき点は、漁師でさえ稚魚をいつ放流するか正確には予測できないとい

うことだ。海水温や塩分濃度などの条件がそろわないと放流できないため、放流日は毎年異なる。しかし、クジラは時計で計ったように正確にやって来るという。

ある日の午後、私はそれを目の当たりにした。内湾の桟橋でコーヒーを飲みながら、ハクトウワシを眺めているときだった。目の前には、稚魚の入った網の生け簀がいくつも続いている。すると突然、巨大なザトウクジラが私のそばで息つぎをした。この雌クジラは、狭い水路をうまく通り抜けて、生け簀のあるところへ向かった。泳いでいた場所の水深はわずか3メートル足らずだ。

ザトウクジラは超音波を使う能力がないにもかかわらず、バスよりも大きな巨体を器用に動かして、人工的な障害物の多い水路を泳ぎ回った。桟橋、水没した三角コーン、ホース、古タイヤ、機械など、どれにぶつかったり絡まったりしてもおかしくない状況だった。しかし、クジラはそうならなかった。

数日後、漁師が稚魚を放流していると、同じザトウクジラが戻ってきた。私が見ている前で、囲いの下に小さなバブルネットを1つ作り、サケの稚魚を食べた。漁師たちは首を横に振った。クジラにはかなわない、とでも言うように。

ザトウクジラは毎年長い距離を移動して、交尾と出産を行う暖かい海域から極域付近の餌場へと向かう。その際、母親は子どもと一緒に泳ぎ、たびたび胸ビレを触れ合わせる。これは相手を思いやる愛情表現であり、母子の強い絆を示す仕草の一例である。

シャチなどの捕食者が聞いていそうな場所を泳いでいるとき、子クジラは母親にささやくように話す。母親は、子どもが力強く泳げるようになって、長い距離を移動できるように手助けをする。母子が外洋と沿岸を何度も往復している様子も観察されている。まるで水泳教室のようだ。

ザトウクジラは、大きな尾ビレを使って速いスピードで泳ぐ。しかし、南太平洋から南極まで移動するには、持久力と体力だけでなく、優れた航海術も欠かせない。

人工衛星技術を使って、南大西洋と南太平洋のザトウクジラを調査したところ、採餌活動をする寒い海から出産と交尾を行う暖かい海へ向かう際、広大な海域を驚くほど正確なルートで移動することが判明した。嵐にも激しい海流にも動じることなく、何千キロ泳いでも、移動ルートから角度にして5度以上外れることはなかった。そして、研究対象となったクジラの約半数においては、なんと1度未満のずれだった。

世界屈指の荒れた海を、どうすればルートから外れずに泳げるのか。これは解明が待ち望まれる興味深い謎だ。長距離を移動する渡り鳥などと同じように、ザトウクジラも地球の磁場を頼りにしているのだろう。あるいは、太陽の位置に加えて、月や星の位置も利用しているかもしれない。

歌は関係しているのか？　ザトウクジラの歌う心に残るメロディーは、広大な海を漂って、遠く離れた仲間への音響信号になっているのだろうか？　科学的な解明が進み、クジラの秘密が少しずつ明らかになってはいるが、今はまだ、あれこれ思いを巡らすことしかできない。

ザトウクジラのうねるような歌声は
何十年も前から研究されてきたが、
そのメロディーが何を意味するかは、
まだわずかしか解明されていない。
ただ、専門家ではない私が聞いても、
その歌声は心に残る複雑なものである。
クジラ独特の音楽は、
聞く者を原始の時代に
連れていってくれる。

大海に出る

南太平洋クック諸島のラロトンガ島周辺にあるクジラ保護
区で数日過ごしたのち、ザトウクジラの母親と赤ちゃんは
外海に向かって出発する。交尾の機会を狙って、「エスコー
ト」と呼ばれる雄と2番手の雄がそのあとを追う。

母の愛

南太平洋のトンガ沖で、サンゴ礁の上を泳ぐザトウクジラの母子。産後
数週間は子どもを守るために神経質になる母親が多いが、次第に余裕が
出てくる。

赤ちゃんをおんぶ

トンガ沖の海で、母親の背中に乗るザトウクジラの子。まるでスペースシャトルが輸送機で運ばれているようだ。捕食者がいる場所を泳ぐとき、ザトウクジラの母親は子どもに小声で話すという。

好奇心旺盛な子クジラ

私はザトウクジラの母親、子ども、エスコートと一緒に海の中にいたが、ボートに戻って、海上から写真を撮ることにした。すると、クジラが海面から顔を出して、ボートを追いながら私を見ていた。ウェットスーツを脱ぐ間もなく、またとない貴重な表情を捉えることができた。

正確なタイミングで

サケの孵化場から稚魚が放流されるタイミングに合わせて、アラスカの
保護区の入り江にザトウクジラが姿を現す。クジラはロープや網といった
障害物の間を巧みに移動し、大量の稚魚を捕食する。
（写真＝ブライアン・スケリー、マーク・ロマノフ）

ランチタイム！

このザトウクジラは単独で、サケの稚魚の下にバブルネットを作り出し、
小さな群れに追い込んでいく。その後、上昇して獲物をひとのみにする。
（写真＝ブライアン・スケリー、ダン・エバンス）

またやられた!

アラスカにあるヒドゥンフォールズ孵化場で、放流されたばかりのサケの稚魚を食べるザトウクジラ。雨の中、職員は肩を落としてそれを見つめる。この孵化場では、近くの川で採取した卵からサケを育て、稚魚の数を増やすことで、漁師が捕獲できる成魚の数を増やしている。しかし、クジラがその方程式を変えてしまった。

友だちとの会食

アラスカのチャタム海峡で、最後の残光が山並みを照らす頃、ザトウクジラの群れが海面に顔を突き出す。バブルネットによる採餌のクライマックスだ。この共同文化に携わるクジラたちは、毎年集まって一緒に獲物を捕まえる。まるで毎年夏に同窓会をしているようだ。

おっと危ない!

薄暗いノルウェーの北極圏で、喉の畝を目一杯広げてニシンをほおばる
ザトウクジラ。このクジラが口を開けたまま私の数メートル先に現れたと
きは、さすがに肝が冷えた。視界の悪い海で捕食中のクジラのそばにい
るのは、時に危険を伴う。

はじめまして

トンガ沖で、生まれたばかりの子クジラが母親の前
を泳ぐ。人間を見たことがないのか、この子は私に
興味を示したが、母親は目を光らせていた。

熱烈な追っかけ

クック諸島沖で、ほとんど身動きせずに浮かびながら歌う雄のザトウクジラ（左）。トンガ沖では、雄の一団（右）が雌を追いかけている。この行動を「ヒートラン」または「アクティブグループ」という。そもそもこれは雌に求愛する権利を得るための雄同士の争いであって、雌が勝者に興味を持つかどうかは別の問題だ。

撮影秘話

　ある朝、南太平洋に浮かぶトンガの小さな島の入り江で、海面にさざ波が立っているのが見えた。ザトウクジラの子が息つぎに上がってきたのだ。母親は下のほうで眠っているのだろう。私は静かに海へ入り、子どもに向かって泳ぎ始めた。

　子どもの姿はかろうじて見えた。母親は水深15メートルほどのところにいる。近づくと、母親の姿もはっきりと見えてきた。まるで大きな宇宙船のようだ。まったく動かない。青一色の海の中に浮かぶその周りを、小さな宇宙船が回っている。

　乳を飲み終えると、巨大な赤ちゃんクジラは母親の頭のほうへ近づいた。母親の顔に鼻先をすりつけたあと、母親の体の下で昼寝を始めた。鼻先だけが見えている。

　しかし、この子もそのうち息つぎをしなければならない。やはり浮上してきた。子クジラが海面に近づくにつれ、太陽の光に照らされて、その顔がはっきりと見えるようになった。そして目も見えた。

　子どもは興味深げに、しかし、ためらいがちに私を見ている。その瞬間、私はこの子に、人間がクジラに加えたすべての危害について謝罪したい気持ちになった。私は心拍数を下げようと努めた。初めて見たであろう人間から、いかなる敵意も感じないように。私たちは互いを見つめた。やがて子クジラは、まだ紺青色の海で眠っている母親のもとへと、急いで戻っていった。

心安らぐ光景

海が穏やかで、空気がさわやかで、クジラがたくさんいる日は、
いつまでも日が沈まないでほしいと思う。雪をまとったアラス
カの山々に囲まれたこの海で、ザトウクジラと一緒にいると、
生きていることを実感し、自然と一体になれる気がする。

PHINS

大海原の救助隊

誰もが一度は耳にしたことがあるだろう。海で遭難した人や転覆した船の乗組員が、自分はもう終わりだと思いながら海を漂っていると、口先が湾曲した優雅な動物が滑るように現れる。そして、もう1頭、もう1頭と増えていく。そう、イルカたちが助けに来てくれたのだ。

イルカが人を助けるという話には、伝説のようなものもあるが、事実に基づいたものも多く、古くから人々の想像力をかき立ててきた。偉大な海の民だった古代ギリシャ人は、硬貨や陶器、フレスコ画にイルカを描いている。ホメロスはイルカの詩を書いているし、ヘロドトスは、海賊に捕まった詩人が海に飛び込むとイルカたちが岸まで運んでくれた話を書き残している。

なぜイルカが人間を助けるようなことをするのか、その理由は分かっていない。ほかのクジラ類と同じく、イルカの行動の多くは謎に包まれている。しかし、頭が良くてカリスマ性もあることから、海洋哺乳類の中でも特に魅力的な存在となっている。

イルカ（マイルカ科は36種）は、すべてクジラの仲間だ。

イルカ

Odontoceti（ハクジラ類）
平均体長：1〜7メートル
平均体重：最大5.5トン
種数：マイルカ科は36種
保全状況（IUCN）：種によって異なる

日本では小型のクジラ類を
「イルカ」と総称している

世界中の海に生息しており、川で暮らす種も少数ながらいる。イルカは非常に社会性が高く、十数頭以上の群れで生活し、健康に育つにはほぼ人間並みの社会的刺激を必要とする。コミュニケーションをとるときは、キーキー音やホイッスル音、クリック音を出す。

バハマ諸島沖でタイセイヨウマダライルカといるときも、ハワイ沖でハシナガイルカといるときも、アルゼンチンのヌエボ湾でハラジロカマイルカといるときも、私は同じことに驚かされた。それは、イルカたちが常に楽しそうにはしゃいでいることだ。

もちろん、実際にはそうではないだろう。イルカは複雑な生活を送っていることが分かっているし、凶暴性もあり、ほかのイルカを傷つけたり殺したりすることもある。自分よりはるかに大きなクジラを集団で襲うことも知られている（6頭のカマイルカが1頭のザトウクジラに群がり、それを楽しんでいるらしい様子を目撃した科学者は、次のように述べている。「イルカは神秘的であり、実に嫌なやつでもある。どちらも真実なのだ」）。また、

2頭のタイセイヨウマダライルカが、
バハマ諸島沖の砂地の海底から浮上する。

イルカはほかの海洋哺乳類と同様に、船と衝突したり漁具が絡まったりするなど、多くの危険にさらされている。

しかし、私が出合ったイルカは、いつも泳ぎ、ジャンプし、甘がみし合っていた。また、海藻を使ったゲームも好きで、海藻を取り合いながら、どこかへ泳ぎ去る。いつもどこかに向かって泳いでいるのだ。

イルカが賢いと、なぜ分かるのかって？　まず、イルカは体に対する脳の比率が人間に次いで大きい。イルカには自己認識能力があり、人間よりも早い時期から、鏡を見て自分が映っていることを理解する。睡眠中も脳の半分は起きているので、息つぎができる。遊ぶのも大好きだ。また、くねくねと動くタコを捕らえ、殺し、食べるなど、複雑な問題も解決できる。

動物としては珍しく、イルカは道具を使う。粗い砂地の海底で獲物を探すとき、海綿を鼻先にかぶせて鼻を守ることが知られている。またオーストラリアでは、バンドウイルカが空の貝殻に魚を追い込み、その貝殻を海面まで運んでから鼻先で揺らし、出てきた魚を口に入れる様子が記録されている。

特筆すべきは、このシェリング（またはコンチング）と呼ばれる技術を、親から学ぶのではなく、同じ社会的集団に属する血縁のない仲間から学ぶことだ。これは高度な学習方法であり、通常はオランウータンやチンパンジー、そして人間にしか見られない。

イルカは高性能の超音波システムを備えており、音を使って世界を「見る」ことで獲物の位置を特定する。ほかのクジラ類と同じく、変化に富んだ採餌戦略は、独自の文化を持つ証拠だ。たとえば、米国フロリダ沖のバンドウイルカは、浅瀬で海底の泥を巻き上げて泥の輪を作り、魚（主にボラ）をその中に囲い込む。魚は輪を通り抜けることはできないが、輪の上を跳び越えることはできる。イルカは輪の外で待ち構えていて、跳び出した魚を食べるわけだ。

一方、バハマ諸島沖のバンドウイルカは、砂地の海底近くを泳ぎながら、超音波を使って獲物を探す。獲物が見つかると、急旋回して鼻先を砂に突っ込み、獲物を捕らえる。ある研究によると、クレーターフィーディングというこの方法で採餌するイルカは、人間よりも右利きが多いという。イルカは砂を掘る直前に、ほぼ毎回同じ方向に旋回するそうだ。

イルカの生活で最も解明が進んでいるのが、コミュニケーションの方法である。「イルカが発声する音や構造が言語の基礎になっているのではないか」という仮説のもと、何十年も前から研究が続けられてきた。

科学者たちは、海洋哺乳類の行動を人間になぞらえないように注意している。表情が豊かなイルカの場合は、特に注意が必要だ。とはいえ、イルカは複雑な感情情報を伝え合っていると思われる声を出すことがある。数年前、中国南部沖で調査をしていた研究者らは、シナウスイロイルカが死んだ子イルカを運び、そのあとを仲間が追っているところに遭遇した。そのときイルカたちは、普段聞き慣れない、長く複雑な声を発していたという。ホイッスル音の高さがいつもと違い、抑揚も多かった。科学者たちは、イルカが悲しんでいたのではないかと推測している。

イルカ同士が何を話しているのか、まだ正確には分かっていないが、前述のような複雑なコミュニケーションが可能なことは確かである。イルカは、人間の可聴域よりも10倍ほど高い周波数のホイッスル音やクリック音を出す（そして聞く）のに加えて、姿勢による自己表現もする。

研究者らは学習機械の助けを借りて、イルカの声を解析し、イルカの話す暗号を解読し、さらには人間とイルカの間で双方向コミュニケーションを実現しようとしている。

　また、イルカには不思議な第六感も備わっている。私は何年も前に、それを実際に体験したことがある。ハワイでハシナガイルカの撮影を終えたあと、私は特別なゲストを船に案内した。それはがんと闘っているスカイという10代の少女だった。彼女はメイク・ア・ウィッシュ財団を通じてハワイにやって来て、私と一日をともにすることになったのだ。私の最終的な目標は、海の中でスカイをイルカと一緒に過ごさせることだった。

　しかし、それは決して簡単なことではない。イルカは見つけるのが難しく、写真撮影にも苦労していたので、姿を見られる確信はまったくなかった。私はスカイとその母親と一緒に船で出発した。やがて何頭かのイルカを発見する。スカイは海に入った。すると数分後、イルカたちが近寄ってきた。

　イルカたちは、シュノーケルをつけたスカイの周りをぐるぐる回っている。そして何時間にもわたって、つらい経験をしてきた少女と美しいバレエを踊り続けた。母親は船の上から涙ながらにその様子を見守っていた。夕方、日が沈む頃には、誰もが塩まみれになり、少し日焼けしていた。イルカはスカイと母親に魔法をかけた。カタルシス（心の浄化）が起こったのだ。

　その日は運が味方してくれたのかもしれない。あるいは、イルカたちが鋭い直感によって、スカイの存在とそのはかなさを感じ取ったのかもしれない。彼女は遭難したわけでも、転覆した船から放り出されたわけでもない。それでもイルカたちに救われたことに変わりはない。

動物としては珍しく、

イルカは道具を使う。

粗い砂地の海底で獲物を探すとき、

海綿を鼻先にかぶせて

鼻を守ることが知られている。

またオーストラリアでは、

バンドウイルカが

空の貝殻に魚を追い込む。

何を考えているの？

バハマ諸島沖でタイセイヨウマダライルカに混じって泳ぐ
バンドウイルカ。イルカは体に対する脳の比率が人間に
次いで大きく、高い認識能力を備えている。さらに、自
発的に息つぎをし、睡眠中も脳の半分は起きたままで、
ものを「見る」ときに目だけでなく音も使う。

波の下で

バハマ諸島沖で、3頭のタイセイヨウマダライルカ
が海面すれすれを滑るように泳ぐ。一番上のイル
カは、サメにかまれて背ビレの一部が欠けている。

撮影秘話

　野生生物写真家にとって最大のスキルは忍耐力だ。パタゴニアで3週間撮影をしたとき、最後の最後に、私の忍耐力は厳しい試練にさらされることになった。

　私はカタクチイワシを食べるハラジロカマイルカを撮影するため、アルゼンチンのパタゴニアを訪れていた。このイルカは、海の中でコミュニケーションをとりながら、小魚の群れを追い込んで球状にまとめる。イルカの知性と文化を物語るユニークな戦略だ。

　だが、3月のバルデス半島は寒くて雨が多く、3週間のうち海に出られたのはほんの数回だった。イルカと一緒に泳ぎはしたが、私が見たかった珍しい行動は見られなかった。

　パタゴニアでの最後の日も、それまでと同じような朝を迎えた。何十回と海に「ジャンプ」したが、何も成果はない。私は装備をすべて身につけたまま、船尾に腰かけた。避けがたい敗北が迫っている。アシスタントのルイス・ラマーが予備の空気タンクを交換するよう勧めたが、私は異議を唱えた。日没まであと15分しかないではないか。それでもルイスがどうしてもというので、私は折れた。

　まもなく水深約10メートルに潜った私は、驚嘆することになる。目の前には、生き残ったカタクチイワシの群れと、少なくとも6頭のハラジロカマイルカ、ペンギン、ミズナギドリ、アシカがいた。薄暗い海の中で、私は狂ったようにその周りを回りながら撮影した。残り時間はもうない。私は別世界にいる。混乱の中、必死で写真を撮り続けた。

　長い帰路の途中、カメラのディスプレイ上で画像をスクロールしていた私は、手を止めてルイスに微笑みかけた。これぞ私が望んでいた写真だ。

独創的な食事法

米国フロリダ湾で「泥の輪」戦略の戦利品を堪能する3頭のバンドウイルカ。1頭のイルカが尾ビレで泥を巻き上げ、ボラの群れの周りに「泥の輪」を作り、その輪をどんどん小さくすることで、魚を囲い込む。泥の壁にぶつかるのを恐れた魚は、パニックになって泥の上を跳び越え、うまい具合にイルカの口の中に入るという寸法だ。

水中バレエ

イルカと多くの時間を過ごしてきたが、その流麗な姿を見ると今でもため息が出る。ただし、完璧な写真を撮るには、何時間も泳ぎ続け、辛抱強く撮影のタイミングを待たなければならない。これらのマダライルカの写真も、そうして撮ったものだ。準備と好機が出合うこと——それが幸運である。

幸運な出合い

昔から、イルカは吉兆と見なされてきた。私自身、船に乗るときは縁起を担ぐほうなので、そう信じている。この日、カリフォルニアの160キロ沖合で、カマイルカの群れに遭遇。期待を裏切らず、素晴らしい海中写真を撮れる幸運を運んでくれた。

故郷に勝るところなし

韓国の済州島沖を泳ぐ2頭のミナミハンドウイルカ。
この群れにいる一部のイルカは違法に捕獲され、ソウ
ルの動物園で飼育されていた。2013年、飼育下にあっ
たそのイルカたちが済州島沖に戻され、生まれ育った
群れに再び合流した。国際自然保護連合(IUCN)は、
この種を準絶滅危惧(NT)に分類している。

ごはんですよ！

バハマ諸島沖で、超音波を使って砂の下に隠れている魚を
探すバンドウイルカ。魚の居場所を音で突き止めると、イル
カは逆立ちし、鼻先を砂に突っ込んで獲物を捕らえる。こ
れも、認知力と文化を示す創造的な採餌戦略の一例だ。

運とタイミング

ハワイの海で、ハシナガイルカの下を泳ぐフリーダイバーの二木あい。沖合でまったく別のテーマで撮影していたときに、このイルカが現れた。セレンディピティー（幸運な偶然）とイルカ、最高の組み合わせだ。

ゲームに興じるイルカたち

イルカは遊び好きで有名だ。中でも、物を拾って仲間に渡すゲームがお気に入り。ある日の早朝、ハワイ沖の静かな湾で、大きな木の葉をくっつけた3頭のハシナガイルカを見つけた（左）。バハマ諸島沖のタイセイヨウマダライルカ（右）は、海藻が遊び道具だ。

南半球の元気者

アルゼンチン、ヌエボ湾の緑色をした温暖な海で、アクロバットのような泳ぎをする2頭のハラジロカマイルカ。動きが不規則なので、満足のいく写真を撮るのは難しい。海面からジャンプすることで有名なイルカだが、このときは協力してカタクチイワシを捕食していた。

間近でご対面

カリフォルニアの160キロ沖合で、珍しいセミイルカと遭遇。きゃしゃで
背ビレのないこのイルカは、コルテス・バンクで撮影中に現れた。

楽しくダンス

米領バージン諸島のセントクロイ島沖でも、バンドウイルカとの思いがけ
ない出合いがあった。いつも笑っているような顔でふざけているイルカた
ちは、幸せそうに見える。常に幸せとは限らないだろうが、何度見ても
印象深い。

虹の彼方に

朝、雨が降る中、私は小さなゴムボートに乗った。いい
写真が撮れる望みは薄い。ところが、スコールが止むと
虹がかかった。「ハシナガイルカよ、ジャンプしてくれ」
と声に出して願った。そして、願いはかなった。

謝 辞

**本書は、私の家族、マーシャ、キャサリン、キャロラインに捧げる。
みなクジラの家族と同じように、知恵をもって行動する強い女性たちである。**

野生生物、特にクジラと一緒に過ごす人生は夢物語のようなものだ。多くの人々の協力なしには実現しなかっただろう。すべてを可能にしてくれたのは、妻のマーシャだ。彼女の愛と落ち着き、そして何十年にもわたるサポートのおかげで、私は未知の世界に何度も足を踏み入れ、果てしない試練に立ち向かうことができた。マーシャと娘のキャサリン、キャロラインは、私にとって土台のような存在であり、彼女らが払った犠牲とこの仕事に対する揺るぎない信頼に感謝している。家族が私に喜びと平安をもたらしてくれるからこそ、私は現場に出ることができる。

ナショナル ジオグラフィック・ブックスのリサ・トーマスとヒラリー・ブラックの構想力がなければ、本書は実現しなかっただろう。2人の情熱、指導力、専門知識、そして私の仕事に対する継続的な支援に深く感謝している。また、メリッサ・ファリス、リビー・サンダー、モリア・ペティ、ジュディス・クライン、マイク・ラッピン、エイドリアン・コークリーなど、本書『クジラ　海の巨人（仮）』で一緒に仕事をすることができた素晴らしい編集チームにも謝意を表したい。

1998年、『ナショナル ジオグラフィック』誌の仕事をするという私の夢は現実となり、その現実は私の夢を超えるものだった。まず1つのアイデアが芽生え、私の心にまかれたその種から記事の構想が広がっていく。それを、ナショナル ジオグラフィックの素晴らしいチームに持ち込むと、各人が才能と専門知識を注ぎ込んでくれる。これは言葉では言い表せないほど、やりがいのある仕事だ。ナショナル ジオグラフィック・パートナーズのゲーリー・ネル、スーザン・ゴールドバーグ、ホイットニー・ジョンソン、コートニー・モンロー、ジェフ・ダニエルズ、ジャネット・ハン・フィセリング、パム・カラゴルにもお世話になった。

ナショナル ジオグラフィック協会のマイク・ユリカ、ジル・ティーフェンターラー、ケイトリン・ヤーナル、アレックス・モーエン、レイチェル・ストレッチャー、ダグ・ベイリー、ウィル・トンプソンに深い感謝の意を表する。

『ナショナル ジオグラフィック』誌の写真部副部長であるキャシー・モランにしかるべき謝意を伝えようとしたら、一冊の本が書けてしまうだろう。キャシーは、私が携わったほぼすべての記事の編集者であり、パートナーであり、友人でもある。視覚に訴えるストーリーテリングと野生動物に関する比類なき知識、完璧を求める献身的な姿勢にはいつも大いに助けられている。キャシーに感謝している写真家や動物は多いが、私もその1人であることを彼女にいつも覚えていてほしい。

かつて冒険家のアーネスト・シャクルトンが南極探検の隊員を募集する広告を出したという話がある。広告には「至難の旅、絶えざる危険、わずかな報酬、極寒、そして生還の保証はない仕事」と書かれていた。作り話である可能性が高いが、この話をきっかけに、私はこれまで仕事を手伝ってくれた撮影助手たちに深い感謝の念を抱くようになった。私たちの仕事は、この架空の広告にあるほど過酷ではないかもしれないが、そう遠くないものだろう。クジラの撮影にあたって、得がたい助力と才能を注いでくれたスティーブ・デ・ニーフ、ジェフ・ヘスター、ルイス・ラマー、ナンセン・ウェーバー、ジェフ・ウィルデルムートに礼を申し述べたい。

私はこれまで何度も、自分の仕事を「科学者の世界にパラシュートで降下し、彼らの研究を視覚的に説明する試み」と表現してきた。科学研究には多くのスキルが必要だ。彼らが生涯をかけて多くの学問に打ち込んでくれたおかげで、私たちはこの世界を深く理解することができる。クジラたちとの冒険の旅で私を導き、正確な記事を仕上げる手助けをしてくれる研究者に感謝している。特に、クジラの文化という概念でインスピレーションを与えてくれたシェーン・ゲローに謝意を表したい。彼の何十年にもわたるマッコウクジラ研究に感謝するとともに、今後もさらに多くの新発見をもたらしてくれるものと期待している。

また、専門知識、私の質問攻めに対する忍耐、そして友情

に対し、以下の研究者たちに謝意を表したい。スコット・ベイカー、モイラ・ブラウン、サイモン・チルダハウス、ジム・ダーリング、アシャ・デ・ボス、ローラ・エングルビー、デビッド・グルーバー、フィリップ・ハミルトン、テリー・ハーディ、ナン・ハウザー、デニス・ハージング、ミーガン・ジョーンズ、イブ・ジョルダン、リチャード・カロリウセン、エイミー・ノウルトン、スコット・クラウス、スタン・クザイ、マリリン・マークス、ストーミー・メイヨ、マイケル・ムーア、ダイアナ・リース、ロズ・ローランド、クリス・スレイ、ジャン・ストレイリー、アンディ・サボ、イングリッド・フィッセル、ハル・ホワイトヘッド、カーリー・ウィーナー、モニカ・ザニ。

そして本書が実現したのは、以下の方々、船の乗組員、運搬スタッフの協力、支援、専門知識のおかげである。ヘイズ・バックスレイ、プリシラ・ブルックス、フィリップ・バーガード、リアズ・ケイダー、ライアン・キャノン、ジャスミン・キャリー、マイク・コラード、アンニャ・ディーツェ、メリッサ・ディバルトロ、ダイブ・ドミニカ、ダン・エバンス、エボヘ号の乗組員、ニック・ファザ、グレッチェン・フロイント、スベン・ガスト、ヒドゥン・フォールズ・ハッチャリー、ダレン・ジュー、クリス・ジョンズ、フセイン・アガ・カーン、サラ・リーン、フリップ・ニックリン、マーク・ロマノフ、リック・ローゼンタル、ブルック・ラネット、アンジー・サラザール、キナ・スコレー、シー・ライオン・ロッジ、ソング・オブ・ザ・ホエール号の乗組員、マーク・ソアレス、ビッキ・スプルーイル、フィル・スティーブンソン、ウルサ・メジャー号の乗組員、デロン・フェルベック、ウェーバー・アークティックとアークティック・ウォッチ、クレイグ・ウェルチ、ロジャー・ヤズベック、そしてレッド・ロック・フィルム——特にブライアン・アームストロング、ケビン・クルーグ、シャノン・マローン、アンディ・ミッチェル、サリー・ウィーナーにお礼を申し上げる。

最後に、コンサベーション・ロー・ファウンデーショ

ン、ニューイングランド水族館、ノーティカム、ニコン、フィル・スティーブンソン・ファウンデーション、リーフ・フォト・アンド・ビデオをはじめ、私の仕事の貴重なパートナーである企業や団体に特別な感謝を捧げる。

[写真]
ブライアン・スケリー / Brian Skerry

海洋生物と水中写真を専門とするフォトジャーナリスト、映画プロデューサー。1998年以来、ナショナル ジオグラフィック誌の契約フォトグラファーとしてあらゆる大陸と海で撮影し、これまで手掛けた特集記事は30を数える。「ニューヨークタイムズ」や「ワシントンポスト」、「パリマッチ」、「エスクァイア」などへの寄稿も多数。「ワイルドライフ・フォトグラファー・オブ・ザ・イヤー」を11回受賞しているほか、「ロレックス・ナショナル ジオグラフィック・エクスプローラー・オブ・ザ・イヤー」、「ピクチャーズ・オブ・ザ・イヤー国際賞」、「ネイチャーズ・ベスト」など、権威ある多くの賞に選ばれている。国連や世界経済フォーラム、TED Talks、ロンドン王立地理学会など世界中から招聘され、海洋探査、サイエンス・ストーリーテリングの重要性、生物の保全に関する講演も頻繁に行っている。『クジラ　海の巨人』は、『Ocean Soul』や『Shark』など12の著作に続く最新刊で、ナショナル ジオグラフィック誌の特集や、ディズニープラスで配信中のオリジナルシリーズ「クジラと海洋生物たちの社会」と連動するマルチプラットフォーム・プロジェクトの書籍版として刊行された。

[翻訳]
片神貴子 / Takako Katagami

翻訳家。奈良女子大学理学部物理学科卒業。主な訳書に『HUBBLE　ハッブル宇宙望遠鏡　時空の旅』（インフォレスト）、『われら科学史スーパースター　天才・奇人・パイオニア？　すべては科学が語る！』（玉川大学出版部）、『絵でさぐる　音・光・宇宙　物理学の世界への旅』（岩崎書店）、『新説・恐竜　塗り替えられたその姿と生態』（日経ナショナル ジオグラフィック）などがある。そのほかナショナル ジオグラフィック誌や「サイエンス」などの記事翻訳も手掛ける。科学読物研究会会員。

[日本語版監修]
田島木綿子 / Yuko Tajima

1971年生まれ。日本獣医生命科学大学（旧日本獣医畜産大学）獣医学科卒業。カナダのバンクーバーで出合った野生のシャチに魅了されたことを機に、海の哺乳類の研究者となる。東京大学大学院農学生命科学研究科で博士号（獣医学）を取得後、米国テキサス大学医学部とThe Marine Mammal Centerに在籍。現在、国立科学博物館動物研究部脊椎動物研究グループ研究主幹、筑波大学大学院生命環境科学研究科准教授を務める。獣医病理学の知見を生かし、海の哺乳類のストランディング個体の調査や標本化作業で国内を駆け回っている。著書に『海棲哺乳類大全』（緑書房）、『海獣学者、クジラを解剖する。』『クジラの歌を聴け』（山と溪谷社）など。

ナショナル ジオグラフィック パートナーズは、ウォルト・ディズニー・カンパニーとナショナル ジオグラフィック協会によるジョイントベンチャーです。収益の一部を、非営利団体であるナショナル ジオグラフィック協会に還元し、科学、探検、環境保護、教育における活動を支援しています。

このユニークなパートナーシップは、未知の世界への探求を物語として伝えることで、人々が行動し、視野を広げ、新しいアイデアやイノベーションを起こすきっかけを提供します。

日本では日経ナショナル ジオグラフィックに出資し、月刊誌『ナショナル ジオグラフィック日本版』のほか、書籍、ムック、ウェブサイト、SNSなど様々なメディアを通じて、「地球の今」を皆様にお届けしています。

nationalgeographic.jp

ナショナル ジオグラフィック

クジラ　海の巨人

2023年7月18日　第1版1刷

著者	ブライアン・スケリー
訳者	片神貴子
日本語版監修者	田島木綿子
編集	尾崎憲和　川端麻里子
編集協力・制作	リリーフ・システムズ
装丁	宮坂淳（snowfall）
発行者	滝山晋
発行	株式会社日経ナショナル ジオグラフィック
	〒105-8308　東京都港区虎ノ門4-3-12
発売	株式会社日経BPマーケティング
印刷・製本	加藤文明社

ISBN 978-4-86313-578-9　Printed in Japan